U0288959

"中华诵·经典诵读行动"之文化常识系列

尚善源 主编

中华酒文化

赵荣光 著

中华书局

图书在版编目(CIP)数据

中华酒文化/赵荣光著.–北京:中华书局,2012.11（2014.6重印）
（"中华诵·经典诵读行动"之文化常识系列）
ISBN 978-7-101-08486-3

Ⅰ.中… Ⅱ.赵… Ⅲ.酒–文化–中国–通俗读物
Ⅳ.TS971

中国版本图书馆 CIP 数据核字(2011)第 276781 号

书 名	中华酒文化	
著 者	赵荣光	
丛 书 名	"中华诵·经典诵读行动"之文化常识系列	
责任编辑	祝安顺	
出版发行	中华书局	
	（北京市丰台区太平桥西里 38 号　100073）	
	http://www.zhbc.com.cn	
	E-mail: zhbc@zhbc.com.cn	
印 刷	北京精彩雅恒印刷有限公司	
版 次	2012 年 11 月北京第 1 版	
	2014 年 6 月北京第 2 次印刷	
规 格	开本/787×1092 毫米　1/16	
	印张 12　字数 170 千字	
印 数	13001-16000 册	
国际书号	ISBN 978-7-101-08486-3	
定 价	48.00 元	

序：认识中国的标志

龚鹏程

（台湾师范大学博士、著名文化学者、北京大学中文系教授）

欧洲各地对中国的称呼，基本上都是 China（英语、德语、西班牙语、葡萄牙语、荷兰语等），或为 China 之同源词，如法语的 Chine、意大利语的 Cina，捷克语、斯洛伐克语的 Čína 等，还有希腊语的 Κίνα，匈牙利语的 Kína 等，这些词的语源均与印度梵语的 Shina 或 Cina 相同，发音亦均与梵文的"支那"相近。印度人为何称中国为支那，历来相信其来源于蚕丝。证据是胝厘耶的《政事论》中有中国丝卷（Kauseyam Cinapattasca Cinabhumi jah）。Cinapatta 原意是"中国所出用带子捆扎的丝"。古代世界，只有中国人懂得缫丝制衣，故以蚕丝之国称呼中国。

古希腊则称中国为赛里斯（Seres）。这个字的发音或说是"丝"，或说是"蚕"。汉代收唇音尚未消失，说是"丝"，略嫌牵强，这个字或许也出自"绮"。最早提到赛里斯这个"绮"国的，是在公元前 416 年到公元前 398 年间担任波斯宫廷医生的希腊人泰西阿斯（Ktesias）。其后，公元 1 世纪，罗马作家普林尼《博物志》写道："赛里斯国以树林中出产细丝著名，灰色的丝生在枝上，他们用水浸湿后，由妇女加以梳理，再织成文绮，由那里运销世界各地。"同一时期，希腊航海家除了知道在印度北方有个赛里斯国外，从海上也可到产丝之国。《厄立特里海环航记》指出："过克利斯国（马来半岛）时入支国（Thin）海便到了终点。有都城叫支那（Thinae），尚在内地，远处北方。"赛里斯或支国，是同一个地方，不过通往的道路和方向不同罢了。

不管支那或赛里斯，似乎都与蚕丝有关。但近代另有一说，以为支那之名不源于蚕丝，而源于茶。由于中国各地方言对"茶"的发音不尽相同，中国向世界各国传播茶文化时的叫法也不同，大抵有两种。较早从中国传入茶的国家依照汉语比较普遍的发音把茶称为"cha"，或类似的发音，如阿拉伯、土耳其、印度、俄罗斯及其附近的斯拉夫各国，以及比较早和阿拉伯接触的希腊和葡萄牙。俄语和印度语更叫茶叶（чай、chai）。而这两种发音，似乎也都与支那音近。

丝与茶，就是世界认识中国的标志了。

我们中国人自己，如果要谈中国是什么，往往讲不清楚，又是地大物博，又是历史悠久，又是儒道佛，云山雾罩，一套又一套。殊不知老外对这些根本搞不明白。他们对中国之认识，大抵即从那光洁滑韧的丝绸和甘酽清冽的茶里来。抚摸着丝、品着茶，自然对中国就有了一份敬意：能生产这样好东西的国度呀，那该是什么好地方！

茶与丝之外，还足以代表中国的，当是饮食文化和玉文化吧。饮食文化，蒸煮炒炸，许多技艺是迄今世上其他民族仍未掌握的，相关之文化也是其他民族辨识我们最重要的指标。饮食中的酒文化，也与其他民族不同，独树一帜。其中的蒸馏白酒，我以为即由中国道士炼丹时创造，与欧洲及阿拉伯之蒸馏法不同。它和酒曲之发明、运用，乃我国对世界酒文化之两大贡献。至于玉，更是中国审美文化之代表，人们不仅喜欢藏玉、佩玉、赏玉，更要用玉礼敬天地鬼神。一切优秀的人物形象、德行，均以玉来形容，玉也是最高的审美标准。例如瓷，瓷器在许多场合也被视为中国的象征，然而瓷之品味其实就是仿拟玉的。陆羽《茶经》曾评论邢瓷越瓷之优劣，第一条就说"邢瓷类银，越瓷类玉，邢不如越一也"，可见一斑。故玉与酒、饮食文化，和丝茶一样，都是最能体现中国文化特质，足以为中国之象征的。

中华书局出版的这一系列书，据主事者言，除讲这几件事外，亦延及服饰、瓷器、陶器、家具、建筑等物质小道，科举、礼仪、民俗、宗法、书法、音乐、体育、天文等精神诸端也在筹划之列。凡此种种，非经国之大业、儒道佛之妙义，然而中国文化之精要，正藏于其中，值得细细体会。

目录

Chinese Wine Culture

中华酒的文化起源

3   百药之长

10   酒的起源

13   女人与酒

22   大自然的启发

27   灵媒

31   中华酒醴

美酒佳肴的乐章

41   历史酒名与中华名酒

69   酒的品饮方法

79   美酒佳肴的学问

古人杯中几度酒

85   杯中几度酒

92   中国的酒店与酒吧

104 中华酒令文化

文酌武饮与酒人品藻

123 文人与酒

140 武士与酒

144 酒人品藻

中华酒文明与时代文明饮酒

161 酒德、酒道、酒礼

184 饮者宜自律

中华酒的文化起源

酒入药、或以酒助医，早见于先秦诸典，甲骨文中亦多有反映。酒有药用价值，这并非炎黄文化所独有，事实上这也曾经是一种很普遍的认识。

百药之长

酒有药的功效，"医"字的繁体——"醫"下边的"酉"字，就是酒坛子的象形。"酉"字，据今已发现的甲骨文资料有约 20 种形近的写法，均为"象酒尊之形；上象其口缘及颈，下象其腹有纹饰之形"。《说文》释"酒"字云："从水从酉。""医"，《说文》释为："治病工也……得酒而使。从酉……酒所以治病也。"医字从酉，可见酒和医有不解之缘。早在周代时，微醇的"医"，就作为以周天子为代表的贵族阶级的日常保健饮料了："酒正，掌酒之政令。……辨四饮之物：一曰清，二曰医，三曰浆，四曰酏"；"浆人，掌共王之六饮：水、浆、醴、凉、医、酏，入于酒府"（《周礼·天官》）。贾公彦疏云："医者，谓酿粥为醴则为医。"可知，先秦的"医"，颇类至今南方人仍喜爱食用的"酒酿"（或俗谓"酒娘"）。成书于战国至西汉初期的我国现存最早医书《黄帝内经》，便辟有专章讨论酒的药理与医功。李时珍的《本草纲目》"酒"条说"惟米酒入药用"，"曲"亦入药，有"合阴阳"之功，为"百味之长"、"百药之长"，并说，金华酒（即古兰陵酒、东阳酒）"常饮、入药俱良"，"用制诸药，良"；米酒（老酒，腊月酿造者，可经数十年不坏），有"和血养气、暖胃辟寒"的功用；春酒（清明酿造者）"常服令人肥白"；"火酒"即今蒸馏酒，饮用可以"消冷积寒气，燥湿痰，开郁结，止水泄，治霍乱、疟疾、噎膈、心腹冷痛、阴毒欲死，杀虫辟瘴，利小便，坚大便，洗赤目肿痛有效"。因酒有这些

效用，故历来本草、医案，无不著列阐释，列为一类药品，并佐方剂无数。可见，中国传统医药学是无酒不可的。在古代，酒甚至被认为是一种医治百病的灵药，这大概是酒与"神事"关系太密切的缘故。由此可见酒的入药地位非同一般了。正是因为酒与中国传统医药学的这种渊源，中国才久有"医源于酒"的说法。

酒入药，或以酒助医，早见于先秦诸典，甲骨文中亦多有反映。酒有药用价值，这并非中国文化所独有，事实上这也曾经是一种很普遍的认识。古希腊"医药之父"希波克拉底所记载的每个药方几乎都有葡萄酒参与其中。这位出自医学世家的欧洲医学奠基人不仅用酒来退烧、用作利尿剂和抗生素，还用作患者的体力恢复剂。他总是针对具体的病症推荐相对应的葡萄酒，而在有些情况下则主张完全禁酒。

中国自战国之后，又经过数百年的实践和理论深化，到了距今 17 个世纪以前的东汉末年，"中华医圣"张仲景在他的《伤寒论》和《金匮要略》这两部不朽名著中记下了我国最早的方、药详备的补酒三品：炙甘草汤用酒七升，水八升；当归四逆加吴茱萸生姜汤，酒、水各六升；芎归胶艾汤，酒三升，水五升。从而开了中国传统的补酒保健祛疾的先河，补阳剂中以酒通药性之迟滞和补阴剂中以酒破伏寒之凝结的原则也从此被明确于方剂之中了。但张仲景时代的补酒制法还是比较原始的，只是药、酒、水共煮而非后世的浸渍法。稍后的葛洪以自己更进一步的实践给我们留下了补酒浸渍法的完整记录：以菟丝浸酒，"治腰膝去风，兼能明目，久服令人光泽，老变少。十日外，饮啖如汤沃雪也"。其后的陶弘景增录汉魏以降名医所用药 365 种，将载药 365 种的《神农本草经》增订为《名医别录》，并正式将酒列为"中品"，即位于中药三品级"君"、"臣"、"佐使"的"臣药"一级："主养性以应人，无毒有毒，斟酌其宜，欲遏痛，补虚羸者，本《中经》。"唐初的孙思邈则更前进一步，他的《备急千金要方》列有"酒醴"专章，记有 20 余种补酒，并且已经有了冷浸的制作方法："凡合酒，皆薄切药，以绢袋盛药，内酒中，密封头，春夏四五日，秋冬七八日，皆以味足为度。"唐代以后，因蒸馏酒用为浸剂，

伯彝簋

商周十供青铜礼器之一。伯彝，即伯簋，盛食器。商代晚期（约公元前13～公元前11世纪），高15.7厘米，口径23.2厘米，底径14.8厘米。

敞口，束颈，直腹，圆底，圈足外撇，两侧铸螭吻耳，耳下有垂珥。正、背面兽形鼻，下有立棱。器身纹饰以带文划为二区，上为细云雷纹，下为粗云雷纹。全足饰四组卷角兽面纹。器内底铸铭文4行20字，字迹模糊不清可辨者仅6字，"伯作尊彝用……永……"。清代配以透雕白玉钮、紫檀器盖及座。簋在使用时多与鼎组合，鼎专用来烹饪或盛肉食，簋则专用来盛放黍、稷等食粮。考古发掘出土的簋有的底部有烟炱，表明簋除了用作盛食器外，还可用作温食器。此外，簋是商周时期重要的礼器之一，常与鼎搭配用于宴享、祭祀等礼制活动。簋还是当时王侯贵族墓葬中常见的随葬品，常与鼎相伴而出，数量根据墓主身份地位的不同而异。

故药物有效成分的溶出率提高，且不易变质，药酒的效果更好。宋金元是中国传统医学发展的黄金时期，酒的医药功用发挥得更为充分。许多成方中，用酒蒸、酒炒来炮制药物的方法被广为应用。明清两代医书出版更多，《本草纲目》所载69种药酒中，补酒便有逡巡酒、五加皮酒、女贞皮酒、仙灵脾酒、薏苡仁酒等40余种。与李时珍同时代的著名饮食理论家和养生家高濂在其《遵生八笺·饮馔服食笺》中亦列有补酒28种，均是医家、百姓和商界青睐的养生名品。

《伤寒杂病论》详细记录有用"苦酒汤"主治伤寒少阴病的医案，该书卷六"辨少阴病脉证并治法"第十一详述："少阴病，咽中伤生疮，不能言语，声不出者，苦酒汤主之。苦酒汤方：半夏（洗，破，如枣核大）十四枚、（辛温）鸡子一枚（去黄，内上苦酒著鸡子壳中，甘微寒），右二味，内半夏，著苦酒中，以鸡子壳，置刀环中，安火上，令三沸，去

彩绘漆器酒具

泽，少少含咽之。不差，更作三剂。"又"妇人杂病脉证并治"记到："妇人六十二种风，及腹中血气刺痛，红蓝花酒主之。红蓝花酒方：红蓝花一两，上一味，以酒一大升，煎减半，顿服一半，未止再服。"红蓝花酒，即红花酒，除治妇女此病外，还能治跌打损伤之瘀血作痛、痛经、月经不利、闭经等症。

明代伟大药物学家李时珍在《本草纲目》中对酒的药性与医药之用记述得更为详备。他在"释名"中征引说："酒之清者曰酿，浊者曰盎；厚曰醇，薄曰醨；重酿曰酎，一宿曰醴；美曰醑，未榨曰醅；红曰醍，绿曰醽，白曰醝。"在"集解"下引唐人记录："酒有秫、黍、粳、糯、粟、曲、蜜、葡萄等色。凡作酒醴须麹（又作麯，今作曲），而葡萄、蜜等酒独不用麹。诸酒醇醨不同，惟米酒入药用。""惟米酒入药用"是李时珍的主张，其时郎中临床习惯与社会习俗所用有糯酒、煮酒、小豆曲酒、香药曲酒、鹿头酒等，而"古方用酒"则有醇酒、春酒、白酒（非蒸馏酒）、清酒、美酒、糟下酒、粳酒、秫黍酒、葡萄酒、地黄酒、蜜酒、有灰酒、新熟无灰酒、社坛余胙酒等，均见于历代本草集录。所以他建议"今医家所用，正宜斟酌"，又集唐以来著名医家论米酒之功能："主行药势，杀百邪恶毒气。通血脉，厚肠胃，润皮肤，散湿气，消忧发怒，宣言畅意。养脾气，扶肝，除风下气。解马肉、桐油毒，丹石发动诸病，热饮之甚良。"李时珍在《本草纲目》中还依据历代方家及他的经验逐一介绍了米酒、糟底酒、老酒、春酒等数十种酒，以及各种酒糟的药用功能与服用方法等。其又在"发明"项下论述说："酒，天之美禄也。面麹之酒，少饮则和血行气，壮神御寒，消愁遣兴；痛饮则伤神耗血，损胃亡精，生痰动火。邵尧夫诗云：'美酒饮教微醉后。'此得饮酒之妙，所谓醉中趣、壶中天者也。若夫沉湎无度，醉以为常者，轻则至疾败行，甚则丧邦亡家而陨躯命，其害可胜言哉？此大禹所以疏仪狄，周公所以著《酒诰》，为世范戒也。"至于今天我们所说的"白酒"——蒸馏酒，李时珍则沿用宋元以来的习惯称为"烧酒"，又称"火酒"、"阿刺吉酒"。他说，烧酒性"辛、甘、大热、有大毒。过饮败胃伤胆，丧心损寿，甚则黑肠腐胃而死。与姜、蒜同食，令人生痔。盐、冷水、绿豆粉解其毒"。又云：
"烧酒，纯阳毒物也。面有细花者为真。与火同性，得火即燃，同乎焰消。
北人四时饮之，南人止暑月饮之。"《本草纲目》又记成方云："惊怖卒死，
温酒灌之即醒；蛇咬成疮，暖酒淋洗疮上，日三次；产后血闷，清酒一
升，和生地黄汁煎服；丈夫脚冷，不随，不能行者，用淳酒三斗，水三斗，
入瓮中，灰火温之，渍脚至膝，常着灰火，勿令冷，三日止。"

李时珍的论述表明：

1. 在李时珍所在的明代中叶时期，包括前朝历代，酒一直是中华本
草学理论与临床实践的重要药品，并且是应用极其广泛的药品之一。

2. 露酒品目极多，它们是消费者个人所需所爱的饮料酒，饮露酒是

古人制酒图（局部）

古人制酒图（局部）

明代社会的风俗与习尚。作为浸泡液体的基酒本身就是药或有药用，而制成某种或某几种特定药材的露酒之后，则成了世俗观念理解的"药酒"。所谓"药酒"已经不是酒有药性或用为药的普泛意义，而是明确针对某些疾病症状的临床意义上的药。

3. 主张药用谨慎，饮酒有度，原则即是"少饮则和血行气，壮神御寒，消愁遣兴"。其引邵雍《安乐窝中吟》诗十三首之七，全诗为："安乐窝中三月期，老来才会惜芳菲。自知一赏有分付，谁让黄金无子遗。美酒饮教微醉后，好花看到半开时。这般意思难名状，只恐人间都未知。""美酒"是说酒要好，而且饮用的分寸是"微醉"，但是一般人却难以把握，往往过饮，只有达人雅士才可能自觉把握"微醉"的界限，真正体会"微醺"的境界趣味。

酒的起源

据说公元前 4000 年的苏美尔人最先发现可以用粮食和发酵的大麦面包酿酒，他们称其为 "Sikaru"，苏美尔语意为 "啤酒"。苏美尔人奉其为神圣的液体，认为 "Sikaru" 有神奇的药用价值。丰收女神和酿酒女神共同保护这种祭祀用酒。随着苏美尔文化的传播，酒也传入了地中海东部地区。据《美国国家科学院学报》载，美中考古学家联合进行的一项研究发现，中国古人在约 8600 年前就已经能用稻米、蜂蜜、水果等原料酿出美酒了，这一研究成果意味着中国可能是世界上最早学会酿酒的国家。该项研究成果来源于一些遗留有酒类沉淀物质的陶器，它们出土于河南舞阳县贾湖遗址。这些沉淀物含有酒类挥发后的酒石酸，残留物的化学成分与现代稻米、米酒、葡萄酒、蜂蜡以及一些古代和现代草药所含的某些化学成分相同，某些残留物还包含有山楂的化学成分，由此可以断定陶器曾被用于盛放酒。科学家同时还在其中发现了蜂蜜成分，他们认为这些最古老的发酵饮料掺了蜂蜜后味道一定很 "甘甜可口"。而在此前，一直从事世界酒史研究的帕切克·格文教授，曾于 1994 年研究证明，伊朗早在公元前 5400 年左右就有了酒饮料，这是国外所发现的最早的酒精饮料。而中国最早的酒，学界此前大多认为出自距今 5000 年至 4000 年的仰韶文化晚期至龙山文化时期。贾湖遗址距今约 9000 年至 7000 年，是淮河流域迄今所知年代最早的新石器文化遗存，曾被评为 20 世纪中国 100 项考古大发现之一。盛酒陶器的具体生产年代确定为距今 8600 余年。

酒的发明，或曰饮酒文化的起源，与酒的功用——个人的生理功用与社会的心理功用有关。许慎所说的 "酒者，就也。所以就人性之善恶。一曰造也，吉凶所造也"，初读似乎有些费解，为什么酒是 "就" 呢?

龙山文化蛋壳黑陶高柄杯

若能努力让自己的思维接近古代的饮酒文化，这是可以理解的。"酒者，就也"的意思，应当是说酒因饮酒者具体境况的不同而产生不同的后果，"就"可以理解为诱导、引导，"酒"是一种帮助饮用者达到某种目的的工具。当然，工具本身是没有善恶的，它会因使用者的意向与把握不同而具有完全相反的性质与结果。饮酒的结果，会因人、因事、因时而异，"酒既能安慰卑劣的行为，也能安慰高尚的行为"。其实，"酒者，就也……一曰造也"的解释并非许慎个人的一己之见，而是时代共识，是渊源久远的知识承续与常识性认识。酒的这种"就"和"造"的功用，恰恰隐喻着"酒"来到人间的契机，它告诉了我们酒进入人类社会生活的原因，也就是不同时代的人们一直以来的疑问：古人为什么会发明酒呢？酒是怎样被人类发明的呢？

关于中国酿酒的起源，历史记载中科学性比较强的是晋人江统的《酒诰》所说："酒之所兴，肇自上皇。或曰仪狄，一曰杜康。有饭不尽，委余空桑，积郁成味，久蓄气芳，本出于此，不由奇方。"仪狄和杜康，都

河南省伊川县杜康像

莲鹤方壶

酒具，也是重要的礼器，盛行于春秋战国时期。高118厘米，口纵24.9厘米，口横30.5厘米，重64.28千克。河南省新郑县出土。

此壶盖上展开两层莲花瓣，最妙之处则在盖的中央有一只展翅欲飞的仙鹤。壶身以蟠龙纹做装饰，双耳为龙形怪兽，圈足由两兽代替，这件作品构思巧妙，是春秋青铜器的典型代表。

是古史传说中的人物，如果确有其人的话，他们生活的年代，大约与禹同时或稍后，仪狄造酒的传说，分别见于《吕氏春秋》、《战国策》和《世本》等先秦典籍："仪狄作酒"（《吕氏春秋》）；"昔者，帝女令仪狄作酒而美，进之禹，禹饮而甘之，遂疏仪狄，绝旨酒，曰：'后世必有以酒亡其国者'"（《战国策·魏策》）；"仪狄始作酒醪，变五味"（《世本》）。杜康造酒的文录则是《世本》和曹操的《短歌行》"何以解忧？唯有杜康"句。杜康，《说文解字》谓即少康，但历代研究者已经"不知杜康何世人，而古今多言其始造酒也。一曰少康作秫酒"。史实已不可考。《酒诰》中的"上皇"指的是大禹王，说禹的时候中国才发明酿酒，这显然不正确。考古学的大量资料和有关文献分析证明，中国发明酿造酒的时间要比这个时间早得多。中国古史传说中关于酒的最初发明人，还有其他的说法，如据《四库全书提要》认定为由"周、秦间人"所著的古代重要医典《素问》便有黄帝与岐伯讨论"为五谷汤液及醪醴"的记载。黄帝是轩辕氏（一作有熊氏）部落的首领，后为炎黄部落联盟的组织者，他的时代早在大禹和仪狄之前。此外，还有舜的父亲瞽叟用酒去害舜的说法，舜也是生于禹前的人，这种传说显然也与仪狄始知酿酒的说法存在时间上的矛盾。显然，中国人或人类饮酒的历史源头，要比今天我们可以资据的明确文字记载早得多。现在，让我们来认识一下古史传说时代中华酒文化的两个最重要的人物——仪狄和杜康。

女人与酒

宋司马光《酬邻几问不饮栽菊》云："黄菊本夫物，先随元化生。酒醴乃人功，后因仪狄成。酒客强亲菊，菊酒初无情。种之荒阶侧，何尝妨独醒。修竹气萧洒，自合生君庭。"这位大史学家、大学问家认为酒的发明有很久远的历史，到了大禹时代才经由仪狄之手取得了造酒技术的突出成就。司马光明确肯定了仪狄在中华酒文化历史上的特殊地位与杰出作用，他依据历史文献记载仅提到了仪狄一人。宋人赵文的《前有一尊酒》诗云："前有一尊酒，有酒即无愁。吾评仪狄功，端与神禹侔。微禹吾其鱼，微狄吾其囚。人生十九不如意，一醉之外安所求！古来何国非亡社，古来何人不荒丘？沉思痛至骨，赖尔可销忧。尊中有酒，无酒乃休。饮多作病，酒不可雠。"他也认为仪狄是造酒的决定性人物——史文记载的唯一人物，其贡献之大、功德之巨"端与神禹侔"，即与大禹不相上下。大禹之功在治水，故"微禹吾其鱼"，人们感戴他的功德。但禹的功德仅在生存条件的改善，而"微狄吾其囚"，仪狄造酒的贡献则在于对人精神、情感、生活方式的深刻影响。仪狄是见于历史文献记载的中华著名酿酒者。仪狄之外的杜康，则在中华文字记录上的出现要更晚于仪狄。

人类最初对酒的认知与早期使用，主要是为了献祭沟通鬼神的灵媒（divine means）。对梦境的不解与痴迷，滋养成了早期人类"人"、"鬼"息息相关的牢固信念，并导致了"人"、"鬼"关系紧密的生活行为。人类应当很早就对含酒精食物的致幻作用有特别的感悟，因此发酵事务从一开始到相当长的时间里只能由女性来承担，则与原始生殖崇拜、女性生理崇拜紧密相关。由于生殖崇拜导致的妇女月经、乳汁迷信与劳动的社会分工等原因，决定了中华史前社会的酿酒事务由女性来承担。因此，仪狄作为中华文明史上最早见于文字记载的署名酿酒师，应当是已经生育过的女人。酒的发明利用，最初是用于娱鬼神的祭祀，而非后世的现实人生享乐。先民们对酒这种特殊液体的迷信崇拜决定无选择地只能由拥有乳汁的妇女负责酿造事务。从这种意义上

唐三彩侍女俑，手捧绿色酒盏侍奉客人

人足铜盉

说，仪狄同时也可以视为最早见诸文字记载的中华发酵和酿造食品史有其名的代表。

仪狄

仪狄应当是女性，先秦文字是这样隐晦记载的，但入汉以后人们似乎很避讳这一点。夏代是否有"女令"这样的官职，史文过疏，不得确证。或是禹的"女人"？或是禹的"女儿"？均不好孤证妄揣。但仪狄是女性，则应当是有明确认识的。这事实上是关乎中华酒文化历史，甚至全部中华历史文明认识的不容忽视的重要问题。明周淑禧《杜康庙》云："醅有新糟酸有醨，杜康桥上客题诗。最怜苦相身为女，千载曾无仪狄祠。"让这位女诗人疑问与郁闷的对仪狄的不公正对待，恰恰是因为汉代时期最终完成的历史文化"性"变革造成的。因为先秦文献记载中仪狄有女性的嫌疑，因此她的中华"酒神"角色就被没有女性色彩的杜康取代了。

妇女垄断人类早期酿酒活动这一现象，固然可以从原始社会的经济生活与社会分工中得到合理的解释，而且从方法论与认识论的角度说，这也最容易被习惯思维的研究者采用，同样也最容易让一般读者接受。合乎逻辑的思维是：早期定居人类的社会分工应当是本着能力、经验、效益的原则实行的，因此，奔波猎取野兽的最合适人选应当是体健力强和经验专长者，而在居留地及其周围进行食生产活动的人群就应当由年老体弱者、婴幼儿、伤病员（劳动伤害高频发生）、预产期与哺乳期的妇女等组成。这些人中有劳动能力者的食生产任务应当包括以下内容：采集居留地周边的植物食料，捞取居留地附近河浜中的鱼蛤等水生食料，负责食物烹饪，从事食料保藏、腌渍、加工制作，照料驯化中的禽畜，照顾需要帮助的族群成员，保护火塘不间断燃烧，守护居留地的安全等。不难想象，留守居留地的劳动成员主要应当是妇女。但是，这并不能圆满回答史前酿造事务完全由女人承担的疑问。因为，社会分工与经济效益理论只可以回答逻辑性、合理性，只能说明史前社会居留地食生产事务主要由妇女承担的可能性，而无法解答"仅仅由"或曰"只能由"妇女承担的必然性。这种清一色和严格的"性"别限定，只能从"性"中去寻求破解。

《周礼》记载周天子的王廷设置与各种职司，其中凡有关发酵的具体事务均由女性承担。如："酒人"项下，女酒 30 人、奚 300 人、奄 10 人，合计 340 人；"浆人"项下，女浆 15 人、奚 150 人、奄 5 人，合计 170 人；"醢人"项下，女醢 20 人、奚 40 人、奄 1 人，合计 61 人；"醯人"项下，女醯 20 人、奚 40 人、奄 2 人，合计 62 人；"盐人"项下，女盐 20 人、奚 40 人、奄 2 人，合计 62 人；"饎人"项下，女饎 8 人、奚 40 人、奄 2 人，合计 50 人；"稿人"项下，女稿 16 人、奚 5 人、奄 8 人，合计 29 人；"舂人"项下，女舂 2 人、奚 5 人、奄 2 人，合计 9 人；"笾人"项下，女笾 10 人、奚 20 人、奄 1 人，合计

罗马酒神巴克斯

31 人。以上各项职司合计女 141 人、奚 640 人、奄 33 人，总共 814 人。《周礼》中所记的"女"，系指具有一定独立身份的女性；"奚"则是女性奴隶，所谓"奚为女奴，隶为男奴也"。两者都是懂得酿造技术的人，"女酒、女奴晓酒者"。至于"奄"，则是被阉割了的男人，虽然算不得女人，但绝对不是男人了。这些被阉了的人有特定的职责："宫中奄阍闭门者"，所谓"阍者，守门之贱者也"。当然，汉代以前的学者没有给我们解释先秦时代酿酒与发酵事务限定为女性的原因是什么，他们认为这是理所当然，不是问题自然就不需要解释回答。汉代以后，在封建王道与儒家主体文化外的少数民族社会还长时间保留着这种从远古时代流传下来的女性事酒食的传统。1954 年四川彭县出土的东汉酿酒作坊画像砖上还有似为女性搅拌酒糟的图像，那应当是汉代文化工作者试图从文化领域清除女性历史影响而未彻底完成的宝贵遗存。

明代学者陈继儒《偃曝谈余》记："琉球造酒，则以水渍米，越宿，令妇人口嚼手搓，取汁为之，名曰'米奇'"。清沈自南《艺林汇考》载："因考异域酿法……琉球则妇女嚼米为之，犹然粒食也。"陈梦林《诸罗县志》记录台湾阿美、排湾、泰雅、布农、鲁凯、卑南、塞夏、邹、邵、达悟、太鲁阁、葛玛兰、撒奇莱雅、赛德克等原住民均有女人"嚼酒"的风俗："捣

米成粉，番女嚼米置地，越宿以为麴，调为粉以酿，沃以水，色白，曰'姑待酒'。"黄叔璥《台海使槎录》亦有相似记载：按台湾原住民造酒风俗，"用未嫁番女口嚼糯米，藏三日后，略有酸味为麴；舂碎糯米和麴置瓮中，数日后发气，取出搅水而饮，亦名'姑待酒'"。清人郁永河曾有歌咏台湾妇女"嚼酒"风俗的《番女竹枝词》："谁道番姬巧解囊，自将生米嚼成浆；竹筒为瓮床头挂，客至开筒劝客尝。"台湾地区原住民的女性"嚼酒"风俗也有族群间的细微不同。如泰雅族已婚妇女在知道自己怀孕之后，便开始嚼米酿酒，以待孩子出生后赠送亲人。有些地区则推选"美姬"一名来举行嚼米为曲的象征仪式，另有些地区则由"老妇人"来承担这

宋人摹绘唐代《官乐图》
中女伎奏乐饮酒谈笑场景

一任务（寓老年妇女绝经的特别理念）。平埔族的嚼酒礼俗就有由绝经的老妇人来嚼米的约定。有关台湾风土民俗的其他文献亦有同类记载，如《台湾纪略》："人好饮，取米置口中嚼烂，藏于竹筒，不数日而酒熟，客至，出以为敬，必先尝而后进。"其他如《清稗类钞》、《裨海纪游》、《台湾府志》、《台湾纪略》、《淡水厅志》等亦大略如此。台湾的山地居民族属很多，许多尚未被研究者深入考察过，或因其人口过少、时族属尚不明确，如巴布萨、巴赛、洪雅、凯达格兰、卢朗、马卡道、巴宰、巴布拉、猴猴、西拉雅、道卡斯、哆啰美达等一些尚未被当地政府认可的族群，他们事实上都曾有过嚼酒的习俗，也就是说，嚼酒是台湾岛曾经的文化。说"曾经"，是因为效率的追求与观念的改变使得嚼酒习俗已基本封存进了历史；说"基本"，是因为偶然还可以见到其孑遗，如今日的卑南族日常饮用的是市场上购得的各种现代工艺制作的酒，而到本民族的特定传统祭祀时，则依然按照旧习咀嚼制酒。卑南族人坚持认为，只有这样才足以表达其对神灵的虔诚敬意：集合一批少女，她们用三个指头捏握煮熟的饭放在嘴里不停地咀嚼，咀嚼若干时间后吐出，盛贮一夜，即可取饮。

　　妇女嚼酒，或曰"嚼酿"，应是中华大地史前酒文化的普遍现象和一般规律。中国东北地区的原住民祖先就曾长久地保留过这一文化传统，如《三国志·魏书·勿吉传》："有粟及麦穄……嚼米酝酒，饮能至醉。"《北史·勿吉传》："相与偶（耦）耕，土多粟麦穄……嚼米为酒，饮之亦醉。"《隋书·靺鞨传》："相与偶（耦）耕，土多粟麦穄……嚼米为酒，饮之亦醉。"表明南北朝至隋唐时期，中国东北地区从事农业生产的勿吉、靺鞨人长期保持着嚼酒的习俗。但到了唐代，由于东北地区与中原文化联系交往更趋频繁，中原地区先进的造曲术传入并最终改变了妇女口嚼低效的酿酒传统，辗转传抄的汉文少数民族方志史书的"嚼米为酒"记录到此结束，《旧唐书》中的《靺鞨传》、《渤海靺鞨传》及《新唐书》中的《黑水靺鞨传》等均只记东北地区少数民族当地风俗"田耦以耕"而未再提及"嚼米为酒"字样。谷物酿酒，淀粉必须首先经过糖化过程分解为麦芽糖，而后才能发酵转化为酒精。糖化和酒化是酿造工艺中不可缺少的两个主要程序，此即曲糵酿酒法。而"嚼酿"法是利用唾液酶充当酒麴促使发酵，被咀嚼过的"米"、"饭"存贮于器皿，假以时日，酒即酿成。因为尚未掌握造曲技术，故只能沿袭生活经验积累的口嚼做曲法。这一地域性习俗在《通典》、《册府元龟》、《通志》、《三朝北盟会编》、《契丹国志》、《文献通考》等典籍中亦有辗转载录。勿吉族是我国东北古老的

《阿姆菲斯镇的女人们》

公元前350年，外族入侵了古罗马，古罗马阿姆菲斯镇的女人们在酒会上喝醉后集体跑进了敌人的阵营并毫无顾忌地躺在地上。

民族之一，在历史的演进中，其民族主体的名称也不断变更。先秦时称"肃慎"，到汉晋时称"挹娄"，南北朝至隋唐时"挹娄"后裔称"勿吉"、"秣羯"（靺鞨），唐后期称"渤海"，五代至明前期称"女真"，明后期至清称"满洲"，民族称谓虽异而好尚同一。

研究者们很关注嚼酒法的起源与分布。日本学者山崎百治曾说："母亲嚼碎食物以喂幼儿，剩余嚼过的食物发酵而成酒。"也有研究者认为，

嚼酒的起源与人类嚼制药物有关，但均缺乏深入论证。笔者少年时就频见妇女咀嚼馒头、烧饼、米饭或其他成人食品成糜以喂食婴儿的现象，也曾见到有人嚼烂黄豆敷于皮肤疥肿处的做法。研究嚼酒法重要的是"性"，是嚼酒事务的女性限定。如果没有性别限定，或者是仅仅限于男人，那就要研究其形成与维系历史，关注其演变。比如，布农族于每年三月或四月为了求得出猎丰获，会举行射耳礼。此节日所用之酒，皆咀嚼粟而酿成，但嚼者只限男人。又每年四月或五月，举行婴孩初衣礼，男女均可咀嚼酿酒，但嚼好吐入不同的容器中。狩猎是布农族男子的活动，其射耳礼酒由男子来完成以示虔诚与敬重，他们直接与圣灵面对，以求福佑。至于婴儿，则是男女双方的责任，故男女都可嚼。因此，

这种事象应当有演变的过程，不能作为女性垄断嚼酒文化的反证。迄今为止，许多少数民族的酒文化中都可以发现女性垄断的痕迹。怒族、景颇族、彝族、傈僳族、普米族、佤族、瑶族、哈尼族等许多少数民族关于酒的神话传说中都有妇女伟大贡献的记录。"剩饭变酒"是少数民族酒文化传说的普泛元素，而发现这一契机的，几乎全是妇女。当然，现当代许多民族仍然保留着妇女从事酿酒劳动的习俗，尽管当事者早已经是只知其然不知其所以然了。如景颇族山寨，酿酒仍然被视为妇女最基本的生活技能，景颇族女性从小就要学习酿制水酒、烧酒的方法。在景颇族人的观念中，能酿制出好酒是考察一个女性生存能力、劳动技巧的重要标准。景颇族青年婚礼次日，新娘按例要酿制美酒，敬事公婆，要是做不出好酒，则会被人传为笑柄。佤族婚礼上，老人会向新婚夫妇祝福："愿你们生女煮酒，愿你们生男犁地。"普米族酒歌中则有"阿妈阿姐酿酒忙，阿公阿爹酒瘾浓"的唱词。傈僳族娶亲，对未来妻子的期待则是"早上有煮饭的人，晚上有泡酒的人"。这些无疑都是社会与家务分工的传统延续。

女性在人类酒文化史，尤其是早期酒文化史上的作用，是不分中外，普遍重要的。在古希腊酒神节期间，女人是最活跃的，而且是人群中的多数。女人与酒的这种上古伊始的情缘，决定大禹时代的仪狄必是女性无疑，而且不仅是仪狄，连同汉代以后被一致认为是长着一把胡须的杜康都必是女性无疑。被"男人"了的杜康，一直别扭委屈了两千多年，应当还她自由女儿身了。

大自然的启发

《山海经·西山经》记载说："又西北四百二十里，曰崷山，其上多丹木，员叶而赤茎，黄华而赤实，其味如饴，食之不饥。丹水出焉，西流注于稷泽……黄帝是食是飨。"事实上，酒的启蒙知识，应当是先民通过观察含糖野果在贮存过程中自然发酵成酒的现象逐渐获得的。因为自然界中的浆果表面，都繁殖有酵母菌，当这些水果落到不漏水的地方就会自然发酵成酒，所以科技史学者们认为："可以肯定，早在人类之前，就已经有了水果酒。人类受自然现象启发，很早就知道了用水果酿酒。"历史文录也证实了浆果在贮藏时意外成酒的事实屡有发生。宋人周密《癸辛杂识》曾记载人们贮藏在陶缸中的山梨意外变成了梨酒的轶事："向其家有梨园，其树之大者，每株收梨二车。忽一岁盛生，触处皆然，数倍常年，以此不可售，甚至用以饲猪……有所谓山梨者，味极佳，意颇惜之，漫用大瓮储数百枚，以缶盖而泥其口，意欲久藏，旋取食之。久则忘之。及半岁后，因至园中，忽闻酒气熏人，疑守舍者酿熟，因索之，则无有也。因启观所藏梨，则化而为水，清冷可爱，湛然甘美，真佳酝也，饮之辄醉。"元人元好问的《蒲桃酒赋》序言中也有堆积在缸中的蒲桃自然变成了葡萄酒的记载：贞佑年间，邻里有一民家，因避寇入山中，归来时发现在空盎上用竹器所贮的葡桃，枝蒂已干，而汁液流入盎中，熏熏然有酒气，饮用后发现是好酒，大概是日久而腐败，自然成了酒。成熟季节的果园里会有落地腐烂的果实散发的酒香，水果贮存地也少不了这种气味，大自然中的浆果自然霉变的气味与味道一定深深吸引和启发了早期人类。那些充分熟透了的水果，甚至已经开始了糖化与酒化过程的腐化中的水果，在饥不择食的早期人类那里是不会被厌弃的。早期人类在漫长的时间里逐渐适应，甚至喜欢上了浆果的自然"酒"化结果，也正是它启发了人类酒的发明。大量采集的多浆野果在贮存的过程中，不可避免地会发生酒化。中华历史上许多关于"猿酒"、"猴酒"的记载也恰好印证了这一点。明人李日华《蓬栊夜话》说："黄山多猿猱，春夏采杂花果于石洼中，酝酿成酒，香气溢发，闻数百步。野樵深入者或偷饮之。"清人陆祚蕃《粤西偶记》记述说："粤西平乐（今广西壮族自治区东部，西江支流桂江中游）等府，山中多猿，善采百花酿酒。樵子入山，得其巢穴者，其酒多至数石。饮之，香美异常，名曰猿酒。"清代文人李调元也曾有文记叙："琼州（今海南岛）多猿……尝于石岩深处得猿酒，盖猿以稻米杂百花所造，一石穴辄有五六升许，味最辣，然极难得。"

青铜缶

　　盛酒器，战国（公元前475~公元前221年），高37.6厘米，口径23.8厘米，底径23.8厘米。1954年山东泰安出土，山东省博物馆藏。

　　此缶直口，方唇，矮圈足内凹，肩部有两衔环的兽耳，器上附带有圆形捉手的圆盖。腹中部凸起一道环带，上有八个圆形凸饰。器身饰有细密的蟠螭纹，器口沿上刻有"右微胥"三字。

说"猿以稻米杂百花"酿酒，固然不可信，但是，经观察研究可知，群体活动的猿猴将大量水果聚存于洞穴中的现象是完全可能的。那些因含糖高而使酵母菌极易繁衍滋长的浆果，堆积于极易酵化的环境中，结果自然是糖分开始被酵母菌分解而发酵，"酒"液就析出了。而对发酵食品感兴趣是一切哺乳动物的生物特征，其中尤以灵长目动物为突出。猿猴就是极嗜甜味和酒香的动物，这一习性成了使它们屡屡落入古人捕捉圈套的软肋。唐人李肇所撰《国史补》一书有"猩猩好酒屐"一则，对人类如何捕捉聪明伶俐的猿猴，有一段极精彩的记载。猿猴是十分机敏的动物，它们居于深山野林中，在巉岩林木间跳跃攀援，出没无常，很难活捉。经过细致的观察，人们发现并掌握了猿猴的一个致命弱点，那就是"嗜酒"。于是，人们担酒与屐置于猿猴出没处，并在远聚众猴的瞭望中，做出饮酒着屐的动作，然后佯装沉睡。群猴禁不住酒香诱惑，闻香而至，饮酒、着屐，醉而酣睡，结果就可想而知了。利用机敏动物贪食的弱点设法捕捉，是人类惯用的思路。捉猴方法亦多种，醉酒捉猴很有效，也很滑稽，其实不必着屐，醉而缚之足矣。在东南亚、非洲等地，当地人也用这种方法捕捉猿猴或大猩猩。

"猴酒"的故事，是古人将野生浆果自然发酵与猿猴嗜食二者联系到一起的观察理解，它揭示了这样一个事实：是自然现象启蒙了人类对酒的认识。最早的酿酒原料是多糖野浆果，最早的酒类是果酒，而它们很可能是史前人类在有意识贮藏食物过程中的意外收获。然而，启蒙一旦开始，认识便会不断地深化，由极易酵化的野生浆果的成酒到不易酵化的谷米的酿酒，中间无疑有一道不窄的鸿沟。但是，"社会一旦有技术上的需要，则这种需要就会比十所大学更能把科学推向前进"。对于始终不曾停止探索脚步的人类来说，这道鸿沟并不是不可逾越的，事实上他们不久就逾越过去了。"有饭不尽，委余空桑"（江统《酒诰》），指的就是谷物原料酿酒。不过，要特别指出的是，最初用来酿酒的"饭"，绝不是今天人们习常理解的"米饭"、"干饭"意义上的"饭"，而是"粥饭"，即以谷米煮的粥。陶器是人类原始农业出现以后才被发明的，最初的陶

彩绘陶鬲

　　陶器，夏家店下层文化，高25厘米，1981年内蒙古自治区敖汉旗大甸子出土，中国社会科学园考古研究所藏。

　　夏家店下层文化陶器的特点十分鲜明，用于随葬的陶器均胎呈橙红色，表面为黑色，经磨光，器表通常用红、白色勾画花纹。这件鬲的筒腹较长，中间稍有细腰，空足细短，空足下的足尖也较短。鬲的内口沿和器身以红、白二色绘出卷曲纹，色泽鲜丽，纹饰美观。

器都是饮食器具。出现于新石器时代（约开始于七八千年以前）晚期的大圆口、三空心足的"鬲"，是中国陶器发展史上较早而又最富代表性的煮食炊器，它的功用主要是煮粥或粥一类的多汤汁流质食物。在蒸食炊器"甑"出现以前，人们是只能啜稀粥而无干饭可食的。而鬲无论从适用性还是型制上都已经是发展程度相当高的炊器了。也就是说，自人类掌握以水为传热介质的熟物技术之后，直至鬲出现之前，还应有其他型制的煮食炊器被人们使用过。中国人使用陶器的历史至迟开始于距今八千年以前，甚至可以上溯到距今一万年前后。最初的煮食炊器就是广口、腹大如盆状的型制，久而久之，由其分别演化出适用性更强的炊器鬲、盛器缶、贮器罐等。总之，在蒸食炊器甑出现以前，中国人利用陶器的食粥史大约有三千至五千年之久。这样，在长达数千年的食粥生活实践中，人们自然会有无数次将未能一餐食尽的粥置于天然食橱——"空桑"或其他便于贮藏之处的经验。接下来，"积郁成味，久蓄气芳"的酶变酵化现象同样反复出现了，它最终诱发了人们对谷物酿酒知识的了解和技术的掌握。江统的话，显然是他根据生活经验对酿酒发明契机的科学反思。它正确反映出酿酒经过了生活现象—生活经验—工艺和科学三个发展阶段，反映了一个从无到有、由盲目到自觉的过程。《淮南子》讲到"清醠之美，始于耒耜"，揭示了谷物酿酒与原始农业的关系。谷物酿酒应是原始农业开始以后的事情。而陶器的大批量制作，贮、炊、食、饮等系列化陶制炊饮器具的出现，煮食谷物成为日常饮食习惯，比较稳定的农业收获以及人们从天然果类久贮成酿和"有饭不尽"而发酵的生活现象中获得的启示、积累的经验等，这一切无疑为谷物酿酒提供了充分的可能。而先民们对酒的生理、心理及精神功效的了解乃至部落重大事务对酒的需要，无疑都是使上述可能性最终成为现实性的十分重要的契机。

灵媒

为了更好地理解早期人类与酒的关系，清晰准确地认识史前人类的酒文化历史，就必须认识酒在历史上的"灵媒"作用与文化意义。为此，我们就不得不饶舌说"鬼"。因为早期人类是与"鬼"紧密生活在一起的，"鬼"深深地影响着他们的思考与行为，不清楚这一点，不仅难以正确认识史前酒文化，甚至全部史前文化和既往人类文明都可能被曲解和误读。

人类最初认识酒，完全是食生活的启迪，是食生产、食生活实践过程中的体验、认知、理解和探索。但很快，酒与鬼的关系就微妙紧密起来，而且越来越神秘、神圣起来。在对大自然、生命、梦境等奇幻现象的无穷兴趣与困惑中，中华史前先民坚定不移地相信"魂魄"、"灵"、"神"、"鬼"

金文"尸"字

的存在。《说文·鬼部》解释"魂"、"魄"说："魂，阳气也"，"魄，阴神也"。古人认为阳气附身则人活，离身而去则人死；阴神是能离开身体而存在的。"魂"是与活人的身体共在的，活人的身体是其"魂"的宿主，"魂"是身体的宰主。一个活人的"魂"与"体"是互为主的，体离魂则不动，魂离体则无所依，二者必须合一才能活动思想。身体又称为"尸"，但不是现代汉语"遗体"之义。《说文·尸部》："尸，陈也。象卧之形。"《白虎通·崩薨》："尸之为言失也，陈也，失气亡神，形体独陈。""尸"的古文本义是"人"，金文的"尸"字象人屈膝的形状。林义光《文源》："尸即人字，人死为屍。""尸"是"魂"离之而去的状态，即俗语说的"魂不附体"。现代汉语的"尸体"之义，古文则作"屍"，《说文·尸部》："屍，终主。从尸，从死。"那么，什么是"鬼"呢？或更准确些说，上古人类是怎样理解"鬼"的呢？还是先来看《说文·鬼部》："鬼，人所归为鬼。从人。"《正字通·鬼部》："鬼，人死魂魄为鬼。"流传至今的春秋以降的典籍，基本上是渗进了汉代学者理念、理解的文字记录。事实上，我们中华史前祖先的理解应当简单明确得多：人—鬼—人。"鬼"，就是死去了的亲人，也就是所谓"先人"、"祖先"，如孔子所说："非其鬼而祭之，谄也。"（《论语·为政》）鬼是万物的精灵，在这个意义上，远古

莲池会成员献祭白酒

云南省大理白族自治州周城村接本主活动中，莲池会成员向本主献祭白酒，以精致酒壶和牛眼杯盛酒。本主接至村社集市中心后，将酒祭奠供桌前。（云南大学王斯摄于2012年）

时代的"鬼"事实上包括了"人死为鬼"的"鬼"和"万物有灵"的"神"，也就是说，早期人类是"鬼"、"神"不分的。在人则为鬼，在人之外的万物则为神，二者的共同之处则是：它们都是精灵，是包括人在内大千世界的万物各自所主的精灵（魂灵、神灵）。"鬼者物也，与人无异。天地之间，有鬼之物，常在四边之外，时往来中国，与人杂厕。"（王充《论衡·订鬼》）古人认为，鬼是无所不在、无所不能的，而且是公正严明的。鬼在人肉眼不能发现的空冥之中，随时都在观察生活着的子孙后代的言行举动。为了现实生活中的避凶趋吉，为了求得指导帮助与福佑启示，人类需要认真维系人鬼关系，随时保持与鬼的沟通。

于是，先民不但祭礼鬼神要献酒，而且沟通鬼神时也离不开酒。当然，

献祭白酒

云南省大理白族自治州双廊乡接本主活动中给本主老爷献祭白酒，以外裹红布的一只空心细竹竿插入酒瓶中，另一端接触本主像的嘴部。（云南大学王斯摄于2012年）

献祭与沟通鬼神二者是紧密相连的。人们是为了求得鬼神的启示或福佑才以酒娱乐鬼神的，而要让自己感受到鬼神的启示，参加祭祀的人也必须在特定的语境和严格的程序中饮酒。这种特定语境与程序中的饮酒，在灵肉同体、鬼人共生、鬼神无处不在的理念与文化生态下，是很容易产生"信则灵"的人鬼交流臆象的。职业的巫觋和主祭者醉酒后精神更能进入"神灵世界"与鬼神沟通，受到"启示"；他们更易"看到"鬼神的存在。巫觋是鬼神信任的，也是人所信赖的，人们因此感觉到自己受到了启示、庇佑和监视，于是更信神、畏神、敬神，于是更离不开酒。英文"烈酒"一词"spirits"即由"精神"、"心灵"——"spirit"而来，

女巫喀西刻与奥德修斯

希腊神话中奥德修斯返回家乡途中被女巫喀西刻困
于海岛，画中美丽的女巫手举魔酒，而他的朋友则被魔
酒变成了一口猪。

它表明东西方文化关于人类酒的发明和早期利用具有惊人的一致性。

因此，谷物酿酒很可能不仅与先民们对谷物拥有量的多少关系不大，甚至恰恰相反，即便仅有很少的谷物也要首先用来酿酒以祀鬼神。中国科技史界有"人类文明从原始社会进入奴隶社会，由于生产力较前发达，有了剩余粮食，开始用粮食作酒"、"只有农业生产力提高了，原始社会的氏族公社解体，阶级产生了，剩余的粮食集中在少数富有者手中，谷物酿酒的社会条件才可能成熟，因而谷物酿酒始于龙山文化期（距今约4000 年）、磁山时期（距今 7355 ~ 7235 年前）"等多种说法。这些看法，显然值得深入讨论。诚然，谷物酿酒要经过淀粉糊化、糖化和酒精发酵的过程，不像水果那样直接为酵母菌作用便能成酒。但当淀粉一旦被糊化或被转化为糖类之后，其中的糖分，例如葡萄糖、麦芽糖等就很容易被微生物发酵成酒了。江统所观察和总结的这种情况，无疑是先民们在生产和生活实践中无数次反复才可能认识和掌握的。鉴于龙山文化时已经出现了大量成系列化的相当精美的专用酒器，也鉴于谷物酿酒的条件早在原始农业发生后不久便已完全具备的事实，更鉴于仰韶文化期氏族公社社会生产和生活发展等诸多因素，可以认为，中国的谷物酿酒最迟在仰韶文化中期便已经有相当规模的分工生产了，而其萌芽则不迟于仰韶文化的初期，即距今至少应当有七千年以上的历史。

人活着时不能没有酒，变成鬼之后仍然离不开酒，甚至更需要酒，因此，连古人的随葬品中也少不了酒。

中华酒醴

《尚书·说命》记载了商王武丁和他的大臣傅说的对话："若作酒醴，尔惟麴蘖。"它表明，在商代中叶时，用麴和蘖造酒已经是相当普遍并为人所共悉的基本生活常识了。很显然，麴、蘖造酒的发明应当更早些，也许早很多。《说文解字》释云："蘖，芽米也。"《释名》亦云："蘖，缺也，渍麦覆之，使生芽开缺也。"可见，蘖是麦芽或谷芽。最初的谷物酒就是依靠蘖来作糖化剂酿造的。"古来曲造酒，蘖造醴。后世厌醴味薄，遂至失传，则并蘖法亦亡。"这是明末科学家宋应星在《天工开物》一书中讲过的话。用蘖酿制薄味"醴"的工艺，也就是酿造啤酒的方法。《说文解字》记："醴，酒一宿熟也。"《释名》记："醴，礼也，酿之一宿而成醴。""醴"可以说是最初的啤酒。所以有理由认为，中国是世界上最早酿造啤酒的国家之一。曲是以含淀粉的谷物作为培养微生物的载体，上面培养着丰富的霉菌等多种菌类。由于各种菌类在生长发育过程中既产生糖化酶，也产生酒化酶，因此用曲酿酒就同时起到了糖化和酒化的作用，这样就把谷物酿酒的两个步骤——糖化和发酵——结合在一起，从而为我国后来酿酒的独特方法——酒曲法和固体发酵法——奠定了基础。曲产生以后，蘖法便更多地用于制造饴糖，渐渐不用于酿酒了。因此，宋应星说蘖法遗失的看法并不正确，因为他把蘖错误地理解为酒曲了。曲酿酒法作为基本的酿造法，一直沿用下来，用这种方法酿制出来的酒，即是甜米酒或黄酒。殷商时代的中国人已经能成熟地、大规模地制曲和用曲酿酒了。这从殷墟发现的酿酒遗址中用大缸酿酒的情况和出土的商代青铜器中酒器之多，可以得到说明。但那时的酒曲——曲蘖，还是松散的发霉发芽的谷粒，即"散曲"。散曲中有用的微生物成分不很纯，糖化和酒化力也不很强，所以酿酒时酒曲的用量很大。

到了周代，酿酒业的发展带动酒曲技术的提高，"曲蘖"的含义也因之有了变化。曲开始专指酒曲，种类也增加了，如《左传》中已有"麦曲"之称，可见曲已不止一种。当时制的散曲中，一种叫黄曲霉的霉菌已占了优势。黄曲霉有较强的糖化力，故而用曲量较之过去有所减少。有趣的是，周代王室也许认为黄曲霉呈现的黄色很美，所以用这种颜色制定了一种礼服，就叫"曲衣"。黄色后来成了历代帝王家的代表色。两汉时期，曲除了有大麦、小麦之分，更有曲表面长霉菌和不长霉菌的区别。特别是当时除了散曲外，还出现了制成块状的"饼曲"，且不止一种。饼曲外面有利于曲霉的增长，内部则有利于根霉和酵母的繁殖，而根霉菌有很强的糖化力，也有酒精发酵力，它能在发酵中不断繁殖，不断地把淀粉分解成葡萄糖，酵母菌再将葡萄糖变为酒精。东汉时的"九酝酒法"因是以根霉为主，故用麯量仅是原料的百分之五，且麯的作用也从糖化发酵剂变成了所需要的微生物繁殖的载体。从散麯到饼麯，是中华酒麯发展史上的一个突破性进步。

酒既然是药，为了使其药性更足，在酒麯中加入草药也就顺理成章了。晋人嵇含《南方草木状》记载了制麯时加入植物枝叶及汁液的方法，这能使酒麯中的微生物长得更好，酿出的酒也别有风味。今天的绍兴酒就是典型代表。宋代时，红麯逐渐推广开来。红麯是红曲霉寄生在粳米上而成的麯，有耐酸、耐较浓酒精、耐缺氧的优点，但生长慢，只有在较高的温度下才能繁殖，因此比较流行于我国南方福建、广东、台湾一带。红麯制作工艺难度较高，李时珍曾赞美说："此乃窥造化之巧者也。"酒麯的发明，是我们祖先对人类酿酒业的一项重大贡献。后来传到亚洲广大地区，东方诸国的酿酒方法也都用酒麯作糖化发酵剂。直到19世纪末，法国人卡尔迈特氏在研究我国酿酒药麯的基础上，分离出糖化力强并能起酒化作用的霉菌菌株，发明了用以生产酒精的"阿米诺法"，才突破了酿酒用麦芽、谷芽制蘖、作糖化剂的传统。德国人可赫氏发明用固体培养微生物制成糖化发酵剂的方法进行酿造，也比酒麯酿酒的历史更晚了许久。

酒曲

出于都市生活和政府税收的需要，宋代酒的酿造与消费比之前任何时代都要发达兴旺，政府酒务也空前完备。宋代名酒之多、权贵家酿名品之众，均为前所未有，而女色促销更是高调标榜理学的政府制定的官酒政策的一大特色。作为兴旺繁荣的社会生活的记录者，这一时期酒著盛行，窦苹《酒谱》、宋伯仁《酒小史》、朱肱《北山酒经》、李保《续北山酒经》、张能臣《酒名记》、向子諲《酒边词》、范成大《桂海酒志》、何剡《酒尔雅》、林洪《新丰酒法》等为其中最著影响者。其中，《酒小史》、《酒名记》两书对于我们了解宋代及其以前中华先人的酿酒、饮酒文化与习俗大有裨益，有必要罗列品析。《酒名记》记载宋代名酒及其所出与地域分布，很有研究价值与参考意义，如：

后妃家：高太皇"香泉"，向太后"天醇"，张温成皇后"醽醁"等。

宰相：蔡太师"庆会"，王太傅"膏露"，何太宰"亲贤"。

亲王家：郓王"琼腴"，肃王"兰芷"，五正位"椿龄"，嘉琬"醹"等。

戚里：李和文驸马献卿"金波"，王晋卿"碧香"，张驸马敦礼"醽醁"等。

内臣家：童贯宣抚"襃功"，光忠梁开府"嘉义"，杨开府"美诚"。

府寺：开封府"瑶泉"。

市店：丰乐楼"眉寿"，白矾楼"和旨"，忻乐楼"仙醪"，和乐楼"琼浆"等。

三京：北京"香桂"、"法酒"，南京"桂香"、"北库"，西京"玉液"、"酴醾香"。

四辅：澶州"中和堂"，许州"潩泉"，郑州"金泉"，河北真定府"银光"，河间府"金波"、"玉酝"，保定军"知训堂"、"杏仁"等。

文中所列后妃、宰相、亲王、戚里、内臣均是大权贵阶级，社会显贵豪强自然均有家酿，而且往往同时也是驰名社会的佳酿。这些生产与

仇英《仿清明上河图》（局部）

消费均颇具规模的私家酒是不受到国家酒榷法规约束的。至于府寺所酿，如开封府的"瑶泉"酒，也是不在榷沽之列的。当然，皇家内廷酿造的大量酒品，质均属上乘，其量也相当宏大，自然也未列在内。其他京师、三京、四辅、全国各州之"市店"则是兼具生产者与销售者的酒家，它们面向社会大众生产、营销，并是政府财税的基本承担者。当然，这还远不是宋代酒品的全部，所谓"酒名记"，准确些说，应当是名酒记，是110多种著名品牌酒的名录，而且也并不全面。我们注意到，宋代这些名酒的名称都很典雅，命名原则都很注重酒液的色泽、香气、口感、身心感觉，注重米、曲、工艺，而且都很强调水质，中国人的酿酒经验特别注重"甘泉美酒"的关系。这些酒的命名同时也体现了酿造者卓越的制造工艺与鲜明的品牌声誉理念。读了这些酒名，我们眼前很容易产生这样一种景象：宋代人——至少是宽衣大袖的中上层社会成员，他们普

遍喜爱美酒，并且常常陶醉于一杯在手、美酒微醺的神奇感觉之中，潇洒，浪漫，自在悠游。美酒，让宋代历史有了一种朦胧迷幻的奇异色彩。

北宋中叶的《酒小史》一文，更搜罗散见于历代典献记载的中华及周边地区的酒名 100 余种，了解它们，对于我们了解历史酒文化与古人的酒情结无疑是有启示意义的。如春秋椒浆酒、燕昭王瑸珉膏、高祖菊萼酒、汉时桐马酒、西京金浆醪、长安新丰市酒、汉武百味旨酒等等。

清中叶直隶大兴（今北京大兴）人李汝珍的《镜花缘》一书第九十六回描绘了一处乡间酒店，酒店中有记录天下美酒的"粉牌"，上面写着：山西汾酒、江南沛酒、真定煮酒、潮洲濒酒、湖南衡酒、饶州米酒、徽州甲酒、陕西灌酒……

应当说，《酒名记》、《酒小史》、《镜花缘》等所记中华近代史以前历代酒名的大概风貌基本近实。诚然，这些记录未免浅显粗略，而且远非

仇英《南都繁会图》

完整全面。而元代的马端临《文献通考》"论宋酒坊"、忽思慧《饮膳正要》中的"饮酒避忌"、曹绍《安雅堂觥律》，明人李时珍《本草纲目》、高濂《遵生八笺》、宋应星《天工开物》，以及袁宏道《觞政》、黄周星《酒社刍言》、蔡祖庚《嬾园觞政》等则将宋以下酿酒之事与饮酒文化记述描绘得十分翔实鲜明。

美酒佳肴的乐章

我们的祖先最早发现了霉菌并最早进行了培养利用，后来传到亚洲各国，对世界酿酒史的发展产生了巨大的推动作用。

历史酒名与中华名酒

世界上现存最古老的酒

1977 年，考古工作者在河南省平山县发掘战国中山王墓时，发现了两个装有液体的铜壶，这两个铜壶分别藏于墓穴东西两库中，外形为一扁一圆。东库藏的是扁形壶，西库藏的是圆形壶。两个壶都有子母口及咬合很紧的生锈的密封铜盖，打开之后发现壶中有液体，一种青翠透明似现在的竹叶青，另一种呈黛绿色。出土时，两壶都锈封得很严密，启封时酒香扑鼻。故宫博物院于 1978 年 10 月委托北京市发酵工业研究所对壶中的液体进行鉴定。11 月，北京市发酵工业研究所派人去故宫博物院取样鉴定。从外观察，两个壶整体完好，无渗漏现象。首先将东库的扁形壶打开，开盖时有特殊气味，其壶内液体未满至壶口，壶壁没有液体下降的痕迹，液体呈浅翡翠绿色，透明，有很多泥土状的棕色沉淀物，壶底有少量铜锈块，壶中有一块直径大约 5 厘米呈扁椭圆形鸭蛋状的固状物。再将西库圆壶打开，开盖时也有特殊气味，壶内液体也未至壶口，但壶壁上有液体下降 5 厘米的痕迹，液体呈黛绿色，发暗，不太透明，壶底有很多沉淀物。鉴定人员用虹吸法将两壶内的液体分别转移到玻璃瓶内并用广口瓶提取部分样品到化验室进行检验。12 月完成鉴定，综合分析为：1. 两壶液体均含有乙醇；2. 液体的沉淀物很多，不是蒸馏酒；3. 不含有酒石酸盐，故不是水果酒；4. 含氮量较高，含有乳酸、丁酸。确定氮是属于动物性或植物性蛋白物质。根据化验结果，判定该液体为奶汁或谷物酿造的酒。有些专家认为是一种配制酒，因壶中鸭蛋形固状物是人为加进去的，应是作为药材或香源在酒中进行浸渍泡制。总之，无论中山王酒是奶汁酒还是谷物酒或是配制酒，它是我国也是世界现存最古老的酒，距今已有2200余年之久。

"酒"：中华"国酒"黄酒

《尚书·说命》记载了商王武丁对辅弼大臣说："若作酒醴，尔惟麹蘖。""酒"、"醴"为二物，酒赖麹而酿，醴赖蘖而成。中国人何时发明了曲酿酒工艺，至今仍是学界莫衷一是的问题。宋应星说"古来麹造酒"，但并没有明确"古"的确切时间，究竟古到何时？还是自古以来就如此？应当说，作为一种在缓慢演变过程中长久存在的工艺，曲酿酒法，应该存在一个发生、发展的、形态逐渐变化的历史。鉴于《诗经·大雅》中已有"周原膴膴，堇荼如饴"的记载，即周代用谷芽制饴已成习惯的生活现象，说明至迟距今3000年左右中国人就已经分别使用曲和蘖，即已掌握了用曲酿酒的知识，是可信的。周代不仅已经有了较成熟完整的用曲、蘖酿酒的经验，而且还有细密的工艺程序和严格的管理制度：仲冬之月"乃命大酋，秫稻必齐，曲蘖必时，湛炽必洁，水泉必香，陶器必良，火齐必得。兼用六物，大酋监之，毋有差贷"（《礼记·月令》）。大酋，酒官之长，即"酒正"，职在"天官"系列，秩最高为"中士"。这种传统在中国历史上长久地保持着，西汉中叶以前，由于饮酒成习和酿酒的兴盛，大都会中制曲业很具规模："通邑大都，酤一岁千酿，醯酱千瓨，浆千甔……蘖、曲、盐、豉千荅……"曲是许多酶种的载体，各种酶大量地存在于众多的微生物中，而曲里则含有几十种微生物。酶是一种生物催化剂，在常温常压下极易进行物质转化。曲作为粗酶制剂包括了酿酒全过程所需的全部酶种。自曲酿酒工艺发明之后，中国人不断地摸索

西安枣园2003年出土西汉铜钟
　　内有26公斤翠绿清澈的美酒，浑然不觉流
逝了两千年的时光。

提高出酒率和完善酒品质的方法，尤其是如何改善曲的质量——提高酶的活力和改良原料成分。

周代人酿酒所使用的曲，主要是黄曲——黄曲霉占优势的散曲。西汉时又生产出了饼曲。在饼曲中，酵母菌和根霉等较曲霉更易繁殖，因此，饼曲是比散曲更优良的曲种。根霉是我国酿酒工艺中所用的传统霉菌，它能在酒醪中不断繁殖，从而把淀粉不断地分解成葡萄糖，再由酵母将葡萄糖变为酒精。又由于根霉较酵母更能耐酒精，所以酒中残留的糖类便使酒体带有甜味，饮后使人更生愉悦感。成书于公元6世纪初叶北魏贾思勰的《齐民要术》一书，对曲的分类、制曲工艺包括曲中微生物生产规律和用量原则等做了比较科学和准确的记述。如该书对于观察"五色衣"变化以把握曲质量的叙述，表明当时通过对霉菌各种颜色表现来认识曲质量的技艺与经验已经相当成熟和丰富。书中载有12种造曲法，其中"神曲"5种，"笨曲"3种，"白醪曲"、"女曲"、"黄衣"、"黄蒸"各1种。唐宋时，曲酿酒技艺又有了长足进步。宋代浙江人朱翼中写于12世纪初的《北山酒经》总结了汉代以下近10个世纪中国人的酿酒经验。该书按制法的不同把曲分为罨曲、风曲、酏曝曲3大类13个品种，其中以小麦为原料的5种，用米的3种，米麦混合的4种，麦豆混合的1种。全部曲种中都加入了川芎、白术、苍耳等草药，目的是增加酒的风味。大约在10世纪初，中国发酵工艺史上又出现了"红曲"（又称丹曲）的记载。其时"以红曲煮肉"已成习尚，既可除腥，又能生色增香，故是烹食肉料的上好调料。人们交际往还之中还多以之为馈物："剩与故人寻土物，腊糟红曲寄驼蹄。""未论索饼与馔饭，最爱红糟并焦粥"，更已成江南地区人们的生活习惯。人们已经能恰到好处地把握曲的菌种选择和酵变形态：曲"每片可重一斤四两，干时可得一斤。直须实踏，若虚则不中造曲。水多则糖心；水脉不匀，则心内青黑色；伤热则心红；伤冷则发不透而体重。惟是体轻，心内黄白，或上面有花衣，乃是好曲"。文中的"心红"，即是红米霉作用产生的现象。红米霉繁殖很慢，在自然状态下很容易被繁殖迅速的其他霉类所压倒，因此不易得到。红米霉

彩鬶

陶器，夏家店下层文化，高27.2厘米，口径14.1厘米，最大幅14.9厘米，内蒙古自治区敖汉旗大甸子出土，中国社会科学院考古研究所藏。

鬶是中国古代的一种盛酒器。这件陶鬶体瘦长，由上下两部分组成，上部为筒形腹腔，下部为三个细腰的空足，与流对称的一侧腹壁按有把手。器表在唇下与腰间各有附加堆纹，腹壁上下还各有压印篦点纹，两匝篦纹之间用齿状工具印压篦点纹，区划为等腰三角形，三角形中填以篦点印压纹。

是高温菌，在较高的温度下才能繁殖，具有耐酸、耐高温、耐较浓酒精、耐缺氧等特性，并能进行糖化作用和酒化作用。人们在长久反复的实践中，摸索出了用明矾水维持红曲生长所需的酸度，并抑制其他杂菌生长的方法。人们还掌握了分段加水法，既促使红曲霉进入大米内部，同时又控制其在大米内部进行糖化作用和酒化作用的细微程度，从而得到色红心实的红曲。红曲被用来生产红酒和黄酒。我们的祖先最早发现了霉菌并最早进行了培养利用，后来传到亚洲各国，对世界酿酒史的发展产生了巨大的推动作用。现在我国已成为世界上利用霉菌品种最多的国家，如根霉、米曲霉、黑曲霉、白曲霉、红曲霉、毛霉等。日本著名发酵学专家坂口谨一郎曾指出："东洋酒与西洋酒有着根本的区别，西洋酒用麦芽而东洋酒则用霉菌曲。"

"醴"：中华历史上的啤酒

北宋著名本草家寇宗奭曾说："汉赐丞相上尊酒，糯为上，稷为中，粟为下。今入药佐使，专用糯米，以清水、白面曲所造为正。古人造曲未见入诸药，所以功力和厚，皆胜余酒。今人又以糵造者，盖只是醴，非酒也。"醴"非酒也"，寇宗奭说得很对。醴是糵生而非曲造，曲造为酒，糵生为醴，醴味甜而酒精含量极低，也就是 1 ~ 3 度之间。所以宋应星《天工开物》说："凡酿酒，必资曲药成信。无曲即佳米珍黍，空造不成。古来曲造酒，糵造醴。后世厌醴味薄，遂至失传，则并糵法亦亡。"因为醴薄——酒精含量太少，既不足味，又极易酸败，故为人厌弃，终至失传。但"糵法"并没有因此"亦亡"，历代的"饧"等谷芽糖制造用的就是"糵法"。宋应星说"凡麦曲，大、小麦皆可用。造者将麦连皮用井水淘净，晒干，时宜盛暑天。磨碎，即以淘麦水和作块，用楮叶包扎，悬风处，或用稻秸罨黄，经四十九日取用"。这位科学家只是关注了麦曲而忽略了麦糵。其实，古人的"醴非酒也"的认识，也就如同今日人们常说的"啤酒不是酒"一样，啤酒被称为"酒"，那完全是"洋为中用"、

"西风汉化"的结果。清末，西方人将他们喜爱的低醇饮料 Beer 携来中国大陆，当时的中国人凭直觉视之为酒，并根据谐音听为 pi、写作"皮"，进而又写作"皮酒"，并且大为嘲笑奚落。但是，舶来的新品种 Beer 毕竟因其对中华文化土壤的适应性而终于扎根，于是"皮酒"又进而写作了"啤酒"。西洋 Beer 唤起了中国人沉睡已久的关于"醴"的记忆，这种伊始曾被中国官僚阶层因其色泽、气味尤其是泡沫升起形态嗤之为"马尿"的液体，最终成了时下中国城乡覆盖面最广、销售量最大的酒精饮料。

现代啤酒工艺是以大麦为主要原料，经过麦芽糖化，加入啤酒花（蛇麻花），利用酵母发酵制成，酒精含量一般在 2% ~ 7.5%（质量）之间。啤酒含有多种氨基酸、维生素和二氧化碳，是一种营养丰富、高热量、低酒度的饮料酒。中华祖先最早是利用"蘖"造"醴"，由淀粉酶催化

舞马衔杯纹皮囊式银壶

金银器，唐，高18.5厘米，口径2.3厘米，陕西省历史博物馆藏，1970年陕西省西安市南郊何家村出土。

此壶用银片捶打而成，舞马形象，提梁及壶盖均鎏金。壶的整体造型与北方游牧民族提囊壶相似，由此可见唐代汉族与少数民族间的交往频繁。壶腹鎏金，舞马口衔酒杯，后腿弯曲，马尾上扬，彩绸飘舞，正是唐代训练舞马尾祝寿、宴饮助兴的真实再现。

胚乳的淀粉分解，活化麦粒中的酶，淀粉分解为葡萄糖，在空气中的酵母菌作用下发生了酒化，于是中国本土原始的啤酒就被人们发明了。今天中国人普遍饮用的啤酒则是近代以来从国外引进技术的结果。1900年，俄国人首先在哈尔滨建立了中国第一家啤酒厂。其后，德国人、英国人、捷克斯洛伐克人和日本人相继在东北三省、天津、上海、北京、山东等地建厂，如1903年在山东青岛建立的英德啤酒公司（今青岛啤酒厂）等。1904年，中国人自建的第一家啤酒厂——哈尔滨市东北三省啤酒厂投产，迄今地方优质品牌众多。

中华酒雅号

因为文酒之缘，中华历代酒人给杯中之物赠予了许多雅号、别名。它们一般都源于酒人的特别情缘，或风雅轶事，或怪癖乖行，又大多关涉酒的色、味、性、功效。这些雅号别称流传既广且久，尤其在文人笔下作为酒的代名词而意蕴悠长。品味酒的这些雅号别称，不禁油然而生一种与历代酒人共语话旧，穿越时空携手同游的美妙感觉。

万邦治《醉饮图》（局部）

欢伯

汉焦延寿《易林·坎之兑》："酒为欢伯，除忧来乐。"典入后人诗文，最为习称。如宋杨万里《和仲良春晚即事》之四"贫难聘欢伯，病敢跨连钱"，金元好问《留月轩》"三人成邂逅，又复得欢伯。欢伯属我歌，蟾兔为动色"。

杯中物

孔融"宾客日盈其门，常叹曰：'坐上客常满，尊中酒不空，吾无忧矣。'"（《后汉书·孔融传》）陶潜"天运苟如此，且进杯中物"（陶渊明《责子》）。白居易"况兹杯中物，行坐长相对"（《卯时酒》）。

秬鬯

《诗经·大雅·江汉》："厘尔圭瓒，秬鬯一卣。"秬鬯，黑黍酒，以黑黍和香草酿造，用于祭祀。

青州从事、平原督邮

南朝宋刘义庆《世说新语·术解》："桓公有主簿善别酒，有酒辄令先尝，好者谓'青州从事'，恶者谓'平原督邮'。青州有齐郡，平原有鬲县。'从事'言到脐；'督邮'言在鬲上住。""从事"、"督邮"，皆官名。苏轼《章质夫送酒六壶书至而酒不达戏作小诗问之》："岂意青州六从事，化为乌有一先生。"

白堕

北魏《洛阳伽蓝记·城西法云寺》："河东人刘白堕善能酿酒，季夏六月，时暑赫羲，以罂贮酒，暴于日中。经一旬，其酒不动，饮之香美而醉，经月不醒。京师朝贵多出郡登藩，远相饷馈，逾于千里。以其远至，号曰'鹤觞'，亦曰'骑驴酒'。永熙年中，南青州刺史毛鸿宾赍酒之藩，路逢盗贼，饮之即醉，皆被擒获……游侠语曰，'不畏张弓拔刀，唯畏白堕春醪'。"后人以"白堕"代指酒。苏辙《次韵子瞻病中大雪》："殷勤赋黄竹，自劝饮白堕。"

冻醪

指寒冬酿造以备春天饮用的酒。杜牧《寄内兄和州崔员外十二韵》："雨侵寒牖梦，梅引冻醪倾。"

壶中物

唐张祜《题上饶亭》："唯是壶中物，忧来且自斟。"明王恭《独酌言怀》："行歌与醉吟，谁识一生心。白日蹉跎过，青山感慨深。酒酣空击筑，愁极少知音。且尽壶中物，仙源何处寻。"

醇酎

指代上等酒。左思《三都赋·魏都赋》："醇酎中山，流湎千日。"《西京杂记》："汉制以正月旦造酒，八月成，名曰'九酝'，一名'醇酎'。"唐权德舆《二疏赞》："日饮醇酎，心闲道尊。"

醑

酒滤去滓为醑，代称美酒。李白《送别》："惜别倾壶醑，临分赠马鞭。"杨万里《寒食对酒》："荔支园园花，寒食日日雨。先生老多病，颇已疏绿醑。儿童喜时节，笑语治樽俎。南烹俱前陈，北果亦草具。蝤蛑方绝甘，笋蕨未作苦。先生欲独醒，儿意难多拒。初心且一杯，三杯亦漫许。醒时本强饮，醉后忽快举。一杯至三杯，一二三四五。偶然问儿辈，卒爵是何处？儿言翁但醉，已忘酒巡数。"

醍醐

特指美酒。白居易《早饮湖州酒寄崔使君》："一榼扶头酒，泓澄泻玉壶。十分蘸甲酌，激滟满银盂。捧出光华动，尝看气味殊。手中稀琥珀，舌上冷醍醐。"

黄封

指代宫中酒或皇帝所赐酒。明《书言故事》谓"御赐酒曰黄封"。初系指皇帝所赐酒之包装与标志，后转指酒。苏轼《与欧育等六人饮酒》："苦战知君便白羽，倦游怜我忆黄封。"

清酌

先秦祭祀用酒，又称事酒。《礼记·曲礼下》："凡祭宗庙之礼……酒曰清酌。"

昔酒

《周礼·天官·酒正》："辨三酒之物，一曰事酒，二曰昔酒，三曰清酒。"贾公彦疏："'昔酒'者，久酿乃孰，故以昔酒为名。"

陕西西安出土隋代金镶边玉杯

缥酒

色绿微白的酒。曹植《七启》:"乃有春清缥酒,康狄所营。"李善注:"缥,绿色而微白也。"

曲道士、曲居士

酒之谑称。黄庭坚《杂诗》之五:"万事尽还曲居士,百年常在大槐宫。"陆游《初夏幽居》:"瓶竭重招曲道士,床空新聘竹夫人。"

曲蘖

为酒、醴之母,借指称酒。《尚书·说命》:"若作酒醴,尔惟曲蘖。"杜甫《归来》:"凭谁给曲蘖,细酌老江干。"

春、春酒

酒之代称。《诗经·豳风·七月》:"十月获稻,为此春酒,以介眉寿。"杜甫《拨闷》:"闻道云安曲米春,才倾一盏即醺人。乘舟取醉非难事,下峡销愁定几巡。长年三老遥怜汝,榠柁开头捷有神。已办青钱防雇直,当令美味入吾唇。"

茅柴

泛称劣质酒。明冯时化《酒史·酒品》:"恶酒曰茅柴。"明冯梦龙《警世通言》:"琉璃盏内茅柴酒,白玉盘中簇豆梅。"

香蚁、浮蚁、绿蚁、碧蚁

酿酒过程中,浮糟如蚁,因得名。东汉刘熙《释名·释饮食》:"泛齐,浮蚁在上泛泛然也。"唐韦庄《冬日长安感志寄献虢州崔郎中二十韵》:"闲招好客斟香蚁,闷对琼华咏散盐。"南朝齐谢朓《在郡卧病呈沈尚书》:"嘉鲂聊可荐,绿蚁方独持。"南宋末吴文英《催雪》:"歌丽泛碧蚁,放绣箔半钩。"

父乙卣

商周十供青铜礼器之一，盛酒器，商代晚期（约公元前13～公元前11世纪），高33厘米，宽25厘米。

此卣椭圆形腹，圈足外撇，双耳连接绳索状提梁，盖上饰蒜头形盖钮。正背中部有兽形鼻，器体素面。通体铜色泛红，有光泽，应是传世久远所致。器内壁和盖内壁均有铭文"册父乙"三字，故称父乙卣。

天禄、天禄大夫

酒之美誉别称。《汉书·食货志第四下》："酒者，天子之美禄，帝王所以颐养天下，享祀祈福，扶衰养疾。"五代陶谷《清异录·酒浆门·天禄大夫》："（王世充谓群臣曰）朕万几繁壅，所以辅朕和气者，唯酒功耳。宜封'天禄大夫'，永赖醇德。"

椒浆

先秦，酒又名浆，酿酒用椒，椒酒因亦称椒浆，泛指美酒。《楚辞·九歌·东皇太一》："奠桂酒兮椒浆。"《汉书·礼乐志第二》："百君礼，六龙位，勺椒浆，灵已醉。"

忘忧物

陶渊明《饮酒》其七："泛此忘忧物，远我遗世情。一觞虽犹进，杯尽壶自倾。"

钓诗钩、扫愁帚

苏轼《洞庭春色》："要当立名字，未用问升斗。应呼钓诗钩，亦号扫愁帚。"宋虞俦《和汉老弟雪下不聚》："待滋宿麦须连陇，政虑流民醉覆舟。村店浪夸沽酒旆，寒窗谁上钓诗钩。"宋李彭《陪赵传道都护饮拟岘台诗》："都护贤王孙，为具扫愁帚。"

狂药

以其过饮能致人狂乱，故有是名。《晋书》中记载，晋人长水校尉孙季舒，一次在宴会上乘酒兴慢侮了不可一世的石崇，石崇衔恨不已，扬言举报纠过以免其官职；朋友裴楷闻后劝止石崇说："足下饮人狂药，责人正礼，不亦乖乎？"石崇一听也不无道理，于是打消了念头。唐李群玉《索曲送酒》："帘外春风正落梅，涧求狂药解愁回。烦君玉指轻拢捻，慢拨鸳鸯送一杯。"唐皮日休《五贶诗·诃陵樽》："一片鲨鱼壳，其中

青铜提梁卣

生翠波。买须能紫贝，用合对红螺。尽泻判狂药，禁敲任浩歌。明朝与君后，争那玉山何？"

酒兵

因酒能消愁，如兵之克敌，故有是称。唐张彦谦《无题》十首之八："忆别悠悠岁月长，酒兵无计敌愁肠。"宋韩琦《次韵答滑州梅龙图以诗酒见寄二首》之一："对敌公如论酒兵，病夫虽劣敢先登。如将压境求诗战，即竖降旗示不胜。"

般若汤

中国佛门对酒的称谓。苏轼《东坡志林·道释》："僧谓酒为般若汤。"窦革《酒谱·般若汤》："北僧谓为般若汤，盖瘦词以避法禁。"

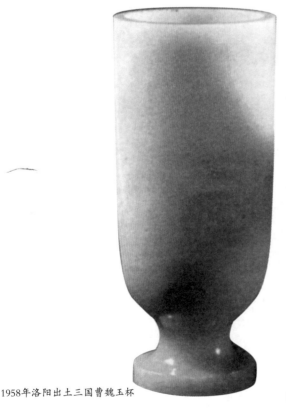

1958年洛阳出土三国曹魏玉杯

清圣、浊贤

曹操禁酒，"而邈私饮，至于沈醉，校事赵达问以曹事，邈曰：'中圣人。'……渡辽将军鲜于辅进曰：'平日醉客谓酒清者为圣人，浊者为贤人。邈性修慎，偶醉言耳。'"（《三国志·魏书·徐胡二王传》）因此，后人就称白酒或浊酒为"贤人"，清酒为"圣人"。宋陆游《溯溪》："闲携清圣浊贤酒，重试朝南暮北风。"

玉友

宋叶梦得《避暑录话》卷上："《洛阳伽蓝记》载河东人刘白堕善酿酒，虽盛暑曝之日中，经旬不坏。今玉友之佳者，亦如是也。""旧得酿法，极简易。盛夏三日辄成，色如湩醴，不减玉友。

仆夫为作之，每晚凉即相与饮三杯而散，亦复盎然。"

玉液

白居易《秋日与张宾客舒著作同游龙门醉中狂歌凡二百三十八字》：
"家酝一壶白玉液，野花数把黄金英。"

云液

白居易《对酒闲吟赠同老者》："云液洒六腑，阳和生四肢。丁中我
自乐，此外吾不知。"

战国水晶杯

流霞

泛指美酒。汉人项曼都"好道学仙，委家亡去，三年而返。家问其状，
曼都曰：'去时不能自知，忽见若卧形，有仙人数人，将我上天……口
饥欲食，仙人辄饮我以流霞一杯，每饮一杯，数月不饥。'"（王充《论衡·道
虚篇》）唐虞世南《相和歌词·门有车马客行》："轻裙染回雪，浮蚁泛流霞。"

太平君子

明顾起元《说略》："唐穆宗临芳殿赏樱桃，进西凉州蒲桃酒。帝曰：
'饮此顿觉四体醇和，真太平君子。'"

白酒

今日中国人习称的"白酒"是蒸馏酒，而中华历史上的"白酒"
则是未经蒸馏工艺的酿造酒。中华传统酿造白酒的"白"，应是所用原
料糯米的粢白和酒液颜色的"白"，如同今日陕西"稠酒"、江南地区
家制"酒酿"的颜色。而现代中国习称的蒸馏白酒则并非"黑"、"白"
的白，而是彻底洁净到没有任何颜色的白，空无所有的"空白"。在蒸
馏酒的"白"概念出现之前，中国历史上的各种酒都是有颜色的，黄、红、

绿、褐、白及各种近似与变化的颜色。唐诗中曾有"白酒"的大量描述："清秋何以慰，白酒盈吾杯。"（李白《玉真公主别馆苦雨赠卫尉张卿二首》之一）"白酒新熟山中归，黄鸡啄黍秋正肥。呼童烹鸡酌白酒，儿女嬉笑牵人衣。高歌取醉欲自慰，起舞落日争光辉。"（李白《南陵别儿童入京》）"今朝春气寒，自问何所欲？酥暖蔗白酒，乳和地黄粥。岂惟厌馋口，亦可调病腹。助酌有枯鱼，佐餐兼旨蓄。省躬念前哲，醉饱多惭忸。君不闻靖节先生樽长空，广文先生饭不足！"（白居易《春寒》）"一诏群公起，移山四海闻。因知丈夫事，须佐圣明君。白酒全倾瓮，蒲轮半载云。从兹居谏署，笔砚几人焚。"（贯休《闻征四处士》）诗圣杜甫临终之日还曾"啖牛肉、白酒"，引起后世学者揣测其不幸"一夕而卒"的原因。以上所引唐诗中关于白酒的记载表明，白酒在唐代时是中华大地普遍喜爱的酒水饮料，也是远荒边鄙、山野村家村村有酿、人人喜爱的大众饮料。

中国人从何时掌握蒸馏酒工艺，迄今学界仍无统一的结论。元明医学家李杲认为是在元代："烧酒，其酒始自元时创制。用浓酒和糟入甑，蒸令气上，用器盛取滴露。凡酸坏之酒，皆可蒸烧。近时，惟以糯米、或粳米、或黍米、或秫、或大麦蒸熟和曲酿瓮中七日，以甑蒸取，其清如水，味极浓烈，盖露酒也。"（《食物本草》）李时珍《本草纲目》在诸酒名目中特立"烧酒"一项专作论述："烧酒非古法也。自元时始创其

韩熙载《夜宴图》中饮酒赏乐场景

法，用浓酒和糟入甑，蒸令气上，用器承取滴露。凡酸坏之酒，皆可蒸烧。近时惟以糯米、或粳米、或黍、或秫、或大麦蒸熟和曲蒸取。其清如水，味极浓烈，盖露酒也。"目前学界比较有代表性的意见，一是东汉说，二是唐代说。东汉说论者，主要依据是被认定为东汉初至中期的青铜蒸馏器及对两幅分别出土于四川彭县和新都县的东汉"酿酒"画像砖的识读。这个被鉴定为东汉时物的青铜蒸馏器，由甑和釜两部分组合而成，通高53.9厘米，凝露室容积7500毫升，储料室容积1900毫升，釜体下部可容水10500毫升。甑内壁下部有一圈穹形斜隔层以积贮蒸馏液，还有一下斜小导流管可将蒸馏液导至甑外，经过多次蒸馏酒实验，得到的酒液酒精度数平均为20度左右（最高为26.6度，最低为14.7度）。如果这一器物确是东汉时物无疑，那么目前似乎还不足以断定它即是当时的蒸酒器，也有可能是用于蒸馏丹药或其他用途。因为自东汉中叶至9世纪的近千年间，我们既未再发现类似的器物出土，同时也缺乏其他更翔实有力的资料依据。1975年，河北省承德市青龙县出土了一件制作年代最迟不晚于1161年（金世宗大定元年、宋高宗绍兴三十一年）的铜质蒸酒器。该器通高41.6厘米，由上下两个分体套合组成。下部分为膨腹甑锅，锅的上口沿有双唇凹形汇酒槽，槽有一出酒流。上部分为圆桶形冷却器，器形与现代壶式冷却器几乎完全一样。这是一件标准的蒸馏酒器，但它却不能代表中国人掌握蒸馏酒技术的起始年代。从《北山酒经》等文献对蒸馏酒技术的翔实记述来看，中国人对这一技术掌握的时间至少应比12世纪初早得多。一些研究者倾向于唐代时期掌握蒸馏酒技术的意见。虽然这种倾向性意见尚无更有力的佐证足以作出最终的结论，但在酒蒸馏技术纯熟掌握的12世纪初之前两个多世纪的唐代人便已认识了这一技术并非是不可能的。唐人的诗文中提供了大量可资深入研究的凭证文字，如"酒则有……剑南之烧春"（李肇《国史补》）、"烧酒初闻琥珀香"（白居易《四川忠州荔枝楼对酒》）、"自到成都烧酒熟"（雍陶《到蜀后记途中经历》）等。"烧酒"一词出现于唐代，自唐一直沿用至今，并且均是特指蒸馏酒，即今天人们习惯所说的"白酒"。唐人称蒸馏酒为"烧酒"或"烧春"（唐人习惯赞美酒为"春"，故酒名中嵌有"春"字者极多），颇为恰切传神。首先，"烧"字反映了特别的制作工艺——"用浓酒和糟入甑，蒸令气上，用器承取滴露"，这一工艺与传统的发酵榨沥所成的酿造酒明显不同，因此，烧酒又称为"火酒"、"火迫酒"；其次是因酒精含量高，饮者口腹通身有强烈刺激的灼热感，故又有"烧刀"、"烧刀子"之称。此外还有"蒸酒"、"汗酒"、"赤酒"、"法酒"、"扎赖吉酒"、"哈拉基"、"阿剌吉酒"等称，亦多取自蒸馏工艺。

朱翼中《北山酒经》记载北宋时已有"火迫酒"："火迫酒，取清酒澄三五日后，据酒多少取瓮一口。先净刷洗讫，以火烘干，于底旁钻一窍子，如箸细，以柳屑子定。将酒入在瓮……瓮口以油单子盖系定，别泥一间净室，不得令通风。门子可才入得瓮，置瓮在当中间，以砖五重衬瓮底。于当门里著炭……熟火，便用闭门。门外更悬席帘，七日后方开，又七日方取吃。"取酒时，先把柳木条慢慢抽出，排出瓮底的杂质和水，然后用竹筒制作的酒提子从瓮口慢慢地将上面的好酒提出来。用此法处理后的酒"耐停不损，全胜于煮酒也"，其原因在于酒液经火迫加工后，酒精的含量已较高了。这种火迫酒与蒸馏酒有一定的相似之处：因为酒液经炭火持续加热后，酒气上升，遇瓮顶的油布便会凝成含酒精多的酒露。这样周而复始地循环，瓮中的酒液便逐渐出现上部分含酒精多，下部分含水分多的现象。待排去瓮底的杂物和含酒精极少的水后，瓮中酒液的酒精含量就已比加工前提高了，并能较长时间地保存。可见这种火迫酒应是蒸馏酒的前身。《北山酒经》的作者朱翼中与苏轼是同时代的人，

谢环《杏园雅集图》（局部）

由此可以假设，蒸馏酒的出现可能在北宋末年的宋金之际，比河北青龙县出土的那口金大定年间的铜蒸锅的年代要早一百年左右。蒸馏酒问世后，先在我国北方流行，后传到南方。到元明之际，烧酒（蒸馏酒）已成为我国南北方各阶层人们经常饮用的酒了。随着蒸馏酒技术的不断发展，各种不同类型的蒸馏酒出现了，如用高粱烧制的称为高粱烧，用麦、米、糟等烧制的称为麦米糟烧。

葡萄酒

　　葡萄酒是以葡萄为原料，经过酿造工艺制成的饮料酒，酒度一般较低，在 8 ~ 22 度之间。葡萄原产于亚洲西南小亚细亚地区，后广泛传播到世界各地。中国葡萄酒的制造，应当早在公元前数世纪就已开始。汉武帝建元三年（公元前 138 年），张骞出使西域，将欧亚种葡萄引入内地，葡萄酿酒工艺亦随之进入中国，中国开始有了按西方制法酿造的葡萄酒。"兰生"、"玉薤"是见于文献记载的汉武帝时的葡萄酒名。在中国，葡萄酒最早的发明者应是西汉帝国西域都护府（今新疆维吾尔自治区）辖内的居民。史载，"其俗土著，耕田，田稻麦，有蒲陶酒。"吐鲁番地区盛产的葡萄所酿的美酒，从两千余年前至今，一直是最富有神奇色彩的诗意饮料。中国人食用葡萄的历史很早，《神农本草经》云："蒲萄，味甘平，主筋骨湿痹，益气倍力强志，令人肥健，耐饥忍风寒，久食轻身，不老延年。可作酒，生山谷。"用来酿酒的，最早是野生葡萄。《周礼·地

官·司徒》记载的则可能已经是人工栽培种："场人，掌国之场圃，而树之果蓏珍异之物，以时敛而藏之。"郑玄注："果，枣李之属；蓏，瓜瓠之属；珍异，蒲桃、枇杷之属。"如果这些文献记载属实的话，则说明陕西一带早在西汉中叶以前就已经以葡萄酿酒了。魏文帝曹丕的《诏群臣》一文中曾记有葡萄的优点："又酿以为酒，甘于曲蘗。"那已是内地普遍酿制、饮用的文字反映了。而早在汉代，显贵之家就已经多有饮用并大批量贮存、馈送葡萄酒了。略后的文献记载，新疆西域地区"胡人奢侈，厚于养生。家有蒲桃酒，或至千斛，经十年不败"，以至于人竞相习，"士卒沦没酒藏者相继矣"（《晋书·吕光传》）。以后历代史籍亦均记载西域地区"尚蒲桃酒"、"多蒲桃酒"。据文献记载，自汉代始，葡萄酒就一直是历代宫廷皇族的首选酒品。唐代的《册府元龟》明确地记载了内地用西域方法酿造葡萄酒的事，唐贞观十四年（640年）从高昌（今吐鲁番）得到马乳葡萄种子和当地的酿造方法，唐太宗下令种在御园里，并亲自按其方法酿酒。《太平广记》引《松窗录》云："开元中……上曰：'赏名花，对妃子，焉用旧乐词为？'遂命龟年持金花笺，宣赐李白立进《清平调》辞三章，白欣然承旨，犹苦宿醒未解，因援笔赋之。辞曰：'云想衣裳花想容，春风拂槛露华浓。若非群玉山头见，会向瑶台月下逢。一枝红艳露凝香，云雨巫山枉断肠。借问汉宫谁得似？可怜飞燕倚新妆。名花倾国两相欢，长得君王带笑看。解释春风无限恨，沉香亭北倚栏杆。'龟年遽以辞进，上命梨园弟子约略调抚丝竹，遂促龟年以歌。太真妃持玻璃七宝盏，酌西凉州蒲桃酒，笑领歌意甚厚。上因调玉笛以倚曲，每曲遍将换，则迟其声以媚之。太真饮罢，敛绣巾重拜上……"当然，葡萄酒是自古以来所有中华酒人的共同爱

深蓝色玻璃杯

错金蟠螭纹方罍（附勺）

青铜器，战国，通高32厘米，勺长43.7厘米，1975年河南省三门峡市上村岭5号墓出土。

此器出土时置于错金几何纹方监内。其肩和腹部用错金丝组成的几何纹带将器表隔成方栏，方栏饰精细的蟠螭纹。颈部原镶嵌圆形饰物，今已脱落。盖顶饰勾连几何纹，四角并有无花果叶状装饰。罍内置勺，用以挹酒。

好，李白诗中就多次言及葡萄酒，如《宫中行乐词八首》之三："卢橘为秦树，蒲萄出汉宫。烟花宜落日，丝管醉春风。"《送族弟绾从军安西》："匈奴系颈数应尽，明年应入蒲萄宫。"《将游衡岳过汉阳双松亭留别族弟浮屠谈皓》："忆我初来时，蒲萄开景风。"最生动有名的还是《襄阳歌》："落日欲没岘山西，倒著接篱花下迷；襄阳小儿齐拍手，拦街争唱白铜鞮。旁人借问笑何事？笑杀山公醉似泥。鸬鹚杓，鹦鹉杯，百年三万六千日，一日须倾三百杯！遥看汉水鸭头绿，恰似葡萄初酦醅！此江若变作春酒，垒曲便筑糟丘台。千金骏马换小妾，笑坐雕鞍歌落梅。车旁侧挂一壶酒，凤笙龙管行相催。咸阳市中叹黄犬，何如月下倾金罍！"这位中华历史上的诗酒奇人，竟是怎样的心神视觉，鸭绿色的滔滔汉水，在他眼中恰似酿得初熟开瓮的葡萄酒！汩汩不绝的汉水变作喷香送醉的源源春酒，自然是"垒曲便筑糟丘台"了。难怪人们认为"天下极美不过蒲桃酒"。

晋、冀、豫等中原一带多有葡萄酒出产。白居易《寄献北都留守裴令公并序》中有句曰"羌管吹杨柳，燕姬酌蒲萄"，自注"蒲桃酒出太原"。宋人吕陶《王定国北归过衡阳惠示四诗其聚散忧乐之兴尽矣率赓二篇可资笑噱》之一："腊寒尝醉蒲桃酒，春霁空摇舴艋船。"清朝光绪十八年（1892年），华侨张弼士在山东烟台开办张裕葡萄酿酒公司，建立了中国第一家近代化葡萄酒厂，引进欧洲优良酿酒葡萄品种，开辟纯种葡萄园，采用欧洲现代酿酒技术生产优质葡萄酒。以后，太原、青岛、北京、通化等地又相继建立了一批葡萄酒厂和葡萄种植园，生产多种葡萄酒。进入20世纪50年代以后，中国葡萄酒的生产走上迅猛发展的道路。

中国当代名酒

中国是酒消费的大国，市场需求决定了生产。应当说，半个多世纪以来，各种酒的数量与品质的发展已经整体上大大超越了历史上的任何时期。

1952年第一届全国评酒全国名酒（8种）

白酒4种：茅台酒、汾酒、西凤酒、泸州老窖特曲

黄酒1种：绍兴加饭酒

葡萄酒、果露酒3种：烟台味美思、烟台玫瑰香红葡萄酒、烟台金奖白兰地

1963年第二届全国评酒全国名酒（18种）

白酒8种：贵州茅台酒、四川五粮液、古井贡酒、泸州老窖特曲、四川全兴大曲、陕西西凤酒、山西汾酒、贵州董酒

黄酒2种：浙江绍兴加饭酒、福建龙岩沉缸酒

葡萄酒、果露酒 7 种:北京夜玫瑰葡萄酒、烟台味美思、山东白葡萄酒、北京夜光杯中国红葡萄酒、山东金奖白兰地、北京特制白兰地、山西竹叶青

啤酒 1 种：山东青岛啤酒

1979 年第三届全国评酒全国名酒（18 种）

白酒 8 种：贵州茅台酒、山西汾酒、四川五粮液、四川剑南春、安徽古井贡酒、江苏洋河大曲、贵州董酒、四川泸州老窖特曲

黄酒 2 种：浙江绍兴加饭酒、福建龙岩沉缸酒

葡萄酒、果露酒 7 种:烟台红葡萄酒（甜）、北京中国红葡萄酒（甜）、河北沙城白葡萄酒（干）、河南民权白葡萄酒（甜）、烟台味美思、烟台金奖白兰地、山西竹叶青

啤酒 1 种：山东青岛啤酒

1983 年至 1985 年第四届全国评酒国家名酒（26 种）（共分三次举行，1983 年葡萄酒和黄酒，1984 年白酒，1985 年啤酒、果酒和配制酒）

白酒 13 种：飞天牌茅台酒、古井亭牌和长城牌汾酒、五粮液牌和交杯牌五粮液、羊禾牌洋河大曲、剑南春牌剑南春、古井牌古井贡酒、董牌董酒、西凤牌西凤酒、泸州牌泸州老窖特曲、全兴牌全兴大曲、双沟牌双沟大曲、黄鹤楼牌特制黄鹤楼酒、郎泉牌郎酒

黄酒 2 种：塔牌绍兴加饭酒、新罗泉牌龙岩沉缸酒

葡萄酒 5 种：葵花牌烟台红葡萄酒、丰收牌中国红葡萄酒、葵花牌烟台味美思、长城牌干白葡萄酒、王朝牌半干白葡萄酒

果酒、配制酒 3 种：葵花牌金奖白兰地、古井亭牌和长城牌竹叶青、园林青牌园林青酒

啤酒 3 种:青岛啤酒（青岛牌、青岛啤酒厂）、北京特制啤酒（丰收牌、北京啤酒厂）、上海特制啤酒（天鹅牌、上海啤酒厂）

1989 年第五届评酒会国家名酒（国家金质奖）（17 种）

飞天、贵州牌茅台酒（大曲酱香 53°）

古井亭、汾字、长城牌汾酒（大曲清香 65°、53°），汾字牌汾特佳酒（大曲清香 38°）

五粮液牌五粮液（大曲浓香 60°、52°、39°）

洋河牌洋河大曲（大曲浓香 55°、48°、38°）

剑南春牌剑南春（大曲浓香 60°、52°、38°）

古井牌古井贡酒（大曲浓香 60°、55°、38°）

董牌董酒（大曲其他香 58°），飞天牌董醇（小曲其他香 38°）

西凤牌西凤酒（大曲其他香 65°、55°、39°）

泸州牌泸州老窖特曲（大曲浓香 60°、52°、38°）

全兴牌全兴大曲（大曲浓香 60°、52°、38°）

双沟牌双沟大曲（大曲浓香 53°、46°），双沟特液（大曲浓香 39°）

黄鹤楼牌特制黄鹤楼酒（大曲清香 62°、54°、39°）

郎泉牌郎酒（大曲酱香 53°、39°）

武陵牌武陵酒（大曲酱香 53°、48°）

宝丰牌宝丰酒（大曲清香 63°、54°）

宋河牌宋河粮液（大曲浓香 54°、38°）

沱牌沱牌曲酒（大曲浓香 54°、38°）

历届中国白酒类名酒统计表

企业名称	注册商标	产品名称	香型	届次
贵州茅台酒厂	飞天牌、贵州牌	茅台酒	酱香	①②③④⑤
山西杏花村汾酒总公司	古井亭、长城牌	汾酒	清香	①②③④⑤
四川泸州曲酒厂	泸州牌	泸州老窖	浓香	①②③④⑤
陕西西凤酒厂	西凤牌	西凤酒	其他香	①②　④⑤

四川宜宾五粮液酒厂	五粮液牌、交杯牌	五粮液酒	浓香	②③④⑤
安徽亳州古井酒厂	古井牌	古井贡酒	浓香	②③④⑤
成都全兴酒厂	全兴牌	全兴大曲酒	浓香	② ④⑤
贵州遵义董酒厂	董牌	董酒	其他香	②③④⑤
绵竹剑南春酒厂	剑南春牌	剑南春酒	浓香	③④⑤
江苏洋河酒厂	羊禾牌、洋河牌	洋河大曲	浓香	③④⑤
江苏双沟酒厂	双沟牌	双沟大曲、特液	浓香	④⑤
武汉市武汉酒厂	黄鹤楼牌	黄鹤楼酒	浓香	④⑤
古蔺郎酒厂	郎泉牌	郎酒	酱香	④⑤
常德武陵酒厂	武陵牌	武陵酒	酱香	⑤
宝丰酒厂	宝丰牌	宝丰酒	清香	⑤
鹿邑宋河酒厂	宋河牌	宋河粮液	浓香	⑤
射洪沱牌酒厂	沱牌	沱牌曲酒	浓香	⑤

历届中国啤酒类名酒统计表

企业名称	注册商标	产品名称	届次
青岛啤酒厂	栈桥牌、青岛牌	青岛啤酒	②③④
北京啤酒厂	丰收牌	北京特制啤酒	④
上海啤酒厂	天鹅牌	上海特制啤酒	④

历届中国黄酒类名酒统计表

企业名称	注册商标	产品名称	届次
绍兴酿酒公司	鉴湖牌	鉴湖长春酒、加饭酒	①②③④
福建龙岩酒厂	新罗泉牌	龙岩沉缸酒	②③④

历届中国葡萄酒、果露酒类名酒统计表

企业名称	注册商标	产品名称	类型	届次
烟台张裕葡萄酿酒公司	葵花牌	红葡萄酒	甜	①②③④
烟台张裕葡萄酿酒公司	葵花牌	金奖白兰地		①②③
烟台张裕葡萄酿酒公司	葵花牌	味美思		①②③④
青岛葡萄酒厂	葵花牌	白葡萄酒	甜	②
北京酿酒厂东郊葡萄酒厂	夜光杯牌	中国红葡萄酒		②③④
北京酿酒厂东郊葡萄酒厂	夜光杯牌	特制白兰地		②
河北沙城酒厂	长城牌	沙城白葡萄酒	干	③④
民权葡萄酒厂	长城牌	民权白葡萄酒	甜	③
天津中法葡萄酒公司	王朝牌	半干白葡萄酒		④

历届中国配制酒类名酒统计表

企业名称	注册商标	产品名称	届次
杏花村汾酒厂	古井亭牌、长城牌	竹叶青	②③④
园林青酒厂	园林青牌	园林青酒	④

历届国家名白酒

年份	酒名
1952年	贵州茅台酒、山西汾酒、泸州大曲、西凤酒
1963年	茅台酒、五粮液、古井贡酒、泸州老窖特曲、全兴大曲、西凤酒、汾酒、董酒
1979年	茅台酒、汾酒、五粮液、泸州老窖特曲、古井贡酒、董酒、剑南春、洋河大曲
1984年	茅台酒、西凤酒、汾酒、泸州老窖特曲、五粮液、全兴大曲、洋河大曲、双沟大曲、剑南春、特制黄鹤楼酒、古井贡酒、郎酒、董酒
1989年	茅台酒、泸州老窖特曲、汾酒、全兴大曲、五粮液、双沟大曲、洋河大曲、特制黄鹤楼酒、剑南春、郎酒、古井贡酒、武陵酒、董酒、宝丰酒、西凤酒、宋河粮液、沱牌曲酒

酒的品饮方法

一人不喝酒

中国有句俗语叫做"一人不喝酒，二人不耍钱"。为什么反对一人喝酒呢？大概一人独饮，往往是喝郁闷之酒，容易积郁成疾或激发戾气。酒为"欢伯"，中国古人认可饮酒的欢快，欣赏酒人的慷慨潇洒，希望的是聚饮的畅快淋漓。应当特别指出的是，中华历史上的酒人大多是有一定学养的文化人，他们在非酒的社交场合一般都要保持温文尔雅的举止仪态，这或许与今日上班族的正襟严饰在身一样。卸下中国人特有的"面子"约束，三二知己、五七好友的欢畅聚饮最能一得释放，一人独饮自然无由展现。这大概也就是为什么时下影视中经常会有一人挫伤郁闷后独自喝酒、自我灌醉的套路情节的思维依据吧。所以才有李白《月下独酌》的诗句："花间一壶酒，独酌无相亲。举杯邀明月，对影成三人。月既不解饮，影徒随我身。暂伴月将影，行乐须及春。我歌月徘徊，我舞影零乱。醒时同交欢，醉后各分散。永结无情游，相期邈云汉。"透过浪漫的遐想，我们可以感受到诗人孤寂失落的凄苦心境。但是李白毕竟与那些自戕式饮酒者不同，他是能够自娱自乐的浪漫诗人。据说古希腊人为了节制饮酒而提出了饮酒的两个原则，一不喝纯酒，二不独自一人喝酒，否则他就不算是希腊人。他们认为喝纯酒等于自杀，所以要兑水才能饮用；有身份的人只有在宴会中才可以喝酒，而且只与男人一道喝酒。看来，"酒应当聚饮"是一种古往今来的普世观念。

不同酒品的饮法

不同酒品的品饮方法各异，既关乎修养风度，亦是生活知识。正规的品饮场合讲求有格调地享用，各项美学意义上的参数要求都很严格，如器皿质地、酒温室温、呷量仪态、动作姿势、程序节奏、场景格调等。

黄晶《醉僑图轴》

白酒品饮

时下公宴场合通行精致微型高脚玻璃杯斟饮白酒，通常是酒斟八分满，取饮时，先略呼气（不宜外露呼气之相），持杯慎重平稳缓移至颌下（同时微颔首），眼神鉴赏其无色之色，微微吸气以享其香，然后轻轻摇杯闻其强香。凡佳酿均应香气协调，溢香性好，主体香突出，开瓶注杯之际酒香四溢，表明酒中香气物质较多。再适机（把握好与其他与宴者的默契）送至唇边慢呷一口，让酒液缓缓经过舌尖、舌中而悠悠入喉。喷香性好的酒，一入口香气即溢满口腔，颇有冲喷之势；留香性好的酒，待酒液入喉后仍能余香依依。若酒后作嗝仍有令人愉悦的香气，则表明酒体高沸点酯类较多。1979年第三届全国评酒会将白酒划分为酱香型、浓香型、清香型、小曲米香型和其他香型五种主要香型。即便是同一香型的酒品亦各有特色，故闻香应首先感觉其香型，体会其香气的浓郁程度，这应当是一种享受生活的方式。事实上，许多白酒嗜好者也往往偏爱某一特定香型的酒，犹如嗜烟者对某一类香烟的适应与爱好一样。

品赏白酒的一次呷量，虽个人习好不同，但公宴场合一般以一盏分三次净杯为宜。也应如品酒技术要求那样，用舌头抵住前颌，将酒气随呼吸从鼻孔排出，以检查酒性是否刺鼻。在品尝酒的滋味时，要专注体会酒的各种味道变化，初甜、次酸、后咸、再后苦、涩。舌面要在口腔中移动，以领略涩味程度。酒液进口应柔和爽口、带甜、酸、无异味，饮后要有余香味，尤其应关注余味时间的长度。酒应留在口腔中约10秒钟，饮毕用茶水漱口。在初尝以后则可适当加大入口量，以鉴定酒的回味长短、尾味是否干净，回味是甜还是苦。品鉴好酒时是不宜急于吃菜的。二十余年前，曾有几十年嗜酒史之某君当众求问："喝好酒宜配何菜？"余漫应："果然好酒，只宜咸菜。"众人一时惊诧失语，少顷交口赞叹，以为的论。既然"遇好饭不必用菜"（袁枚语），精品几口好酒，自然更是无需什么菜的。笔者曾于1978年一次农村宴间，意外识某位斯文宴客如此饮酒状：呷酒在口，含品延时，缓缓咽下，稍后方似不经意举箸，慢嚼细咽菜肴，然后复如故。询其道理，答曰："饮酒旋进菜，酒菜相敌，两味皆伤。"余顿时大为感慨。那种在宴会桌上吞酒如渴极饮水，随即塞菜如狼的只能称为饕餮之徒。

啤酒品饮

黄啤酒色淡黄微绿、透明清亮，无悬浮物或沉淀物，泡沫细腻洁白、高而持久、挂杯，酒花香气新鲜显明、无生酒花气味与老化气味。口味纯正爽口、醇厚杀口。黑啤酒色泽黑红或黑棕，晶莹清亮、无悬浮物或沉淀物，麦芽香气纯正明显，无老化气味及不愉快气味，纯正爽口、醇厚杀口。啤酒品质易于感官鉴定，色泽光亮与无悬浊沉淀是初选关键，透明的玻璃瓶装可一望而知，若觉色泽与光亮度有异即不宜饮用。开启之前亦可将瓶倒置，若发现气泡升起或悬浊物出现则是泄气和变质了。饮用啤酒的温度在 10℃ ~ 15℃间较为适宜，这个温度下啤酒的风味才能淋漓尽致地发挥出来。一瓶 550 毫升的瓶装啤酒一般分三次倾尽于啤酒杯中，酒液入杯时倾注力应缓急适宜。啤酒的饮用与白酒、威士忌、伏特加、白兰地、金酒甚至黄酒、葡萄酒的微呷慢品不同，宜注杯即饮，且须量足，一杯酒可 2 ~ 3 次饮净，并且中间不可延时过长，如此方可充分感觉麦芽香气与爽快的杀口力。

黄酒品饮

黄酒的技术品评也是色、香、味、体（即风格）四个方面。饮酒者鉴赏自然应当循此原则。好的黄酒应是色正（橙黄、橙红、黄褐、红褐），透明清亮有光泽。黄酒具有糖、酒、酸调和的基本口味，甜、酸、辛、苦、涩等味均有体现。只有达到香气优美、诸味协调、余味绵长的黄酒，才是好黄酒。

葡萄酒品饮

干白葡萄酒应是麦秆黄色，透明、澄清、晶亮，葡萄果香与酒香和谐、细致，不应有重橡木桶味、异杂味、醋酸味，始能获得轻快爽口、舒适洁净、清新愉快的感觉。甜白葡萄酒酒味甘绵适润，完整和谐，轻快爽口，舒适洁净。干红葡萄酒酒色近似红宝石色或本品种的颜色，有新鲜而令人怡悦的葡萄果香及优美的酒香，香气协调、馥郁、舒畅、不应有醋气感。甜红葡萄酒为红宝石色，可微带棕色或本品种的正色，透明、清澄、晶亮，具有本品种的特殊风格。

香槟酒品饮

香槟酒透明澄清、光泽澈亮，果香、酒香柔和、轻快，味纯正协调、柔美清爽、后味杀口、余香轻爽。婚宴、庆娱宴会多有香槟酒选择，尤其受青年人的喜爱。瓶塞冲起时那清脆响亮的声音让众人瞩目期待，酒液喷花的一刻则使人心满意足，通畅全身，全场气氛为之一振。

果酒品饮

果酒酒色鲜明协调、透明清亮，无沉淀、浮游物，果香、酒香柔和协调，味纯正，有余香。

汉语中的"能喝酒"与"会喝酒"，意义是不同的。"能喝酒"一般是指有酒量、嗜饮，而不及情态与饮后结果。"会喝酒"则不然，会喝

甘肃嘉峪关魏晋四号墓出土酒宴图壁画砖

酒的人一般酒量也不错，同时饮风好，酒后不至"乱"。"会喝酒"的人有量，而又酒风、酒德无亏。"会喝酒"，除了上述的科学技术与行为艺术层面的种种考虑之外，还有许多习俗与生活知识范畴的参照，如：不宜以啤酒送服药，吃西药不可喝酒；不可空腹饮酒；不宜喝闷酒与感情用事酒；黄、白酒不宜冷饮；孕妇、儿童不宜饮酒；过饮后慎避风寒；不宜粗莽牛饮；过饮后不宜沐浴；不宜烟酒夹击；酒精过敏与身患疾病者不宜近酒等。

外国人饮酒

　　随着各种文化交流的深入，不同国籍、不同肤色、不同语言的人聚餐的机会日趋增多。于是，各种文化背景下的饮食习俗、餐桌上的仪礼、酒品知识与饮酒礼俗等，就不再只是闲话趣闻的谈资，而是应备的知识和社交技艺。东西方的酒俗、酒礼有明显不同。东邻的日本、韩国与我们同属历史上的"中华饮食文化圈"，酒文化也因之有相近之处。日、韩两国人都普遍爱酒。日本有一种说法："清酒是上帝的恩赐。"清酒在日本已经有一千多年的历史，被认为是日本的国粹之一。今日日本，无论是在宴会、婚礼上，或是在酒吧或寻常百姓的餐桌上，人们都可以看到清酒的身影。清酒呈淡黄色或无色，清亮透明，芳香宜人，口味纯正，绵柔爽口，其酸、甜、苦、涩、辣诸味协调，酒精含量在15%以上，含多种氨基酸、维生素，是一种营养丰富的饮料酒。如"松竹梅"清酒的质量标准是：酒精含量18%，含糖量35g/L，含酸量0.3g/L以下。韩国清酒分为"纯米"和"本酿造"两大类，酒精度在15～17度之间。"本酿造"在酿制时另外加入了酒精，而"纯米"的酒精则在发酵时产生，故尤清香。"千年之约桑黄菇发酵酒"和"百岁酒"是韩国清酒的两大品牌，而韩国烧酒则以"真露"最为有名。酒桌上的日本人，高兴了就会"海喝"——喝到不能再喝为止。白酒、红酒、啤酒接踵而上是习常的事。紧张工作了一整天，晚餐时便尽量放松，所以连续喝几个小时不足为怪。在街道上行走，见到醉汉是常有的事。韩国人爱酒，如同爱歌舞。在首尔等中心城市的大小酒店饭馆随处可以见到男人轰饮、女人畅饮、男女欢饮的各种场面，夜晚的首尔街头，三五成群的靓丽少女迈着踉跄醉步的情景也时有所见。另外，日本人和韩国人都有劝酒的习惯，而韩国人相较则更热情强烈，往往用自己的酒杯斟满了敬客人，客人也要入乡随俗如是回敬。

在美国，喝酒自由而买卖管制严格。美国酒类专卖店里几乎可以找到全世界的各种品牌酒，但中国白酒例外。美国对酒从生产、流通到消费的各个环节都有明确的法律条文规定，如餐馆、酒吧和商店必须申请专门的营业执照才能出售含有酒精的饮料，买酒的和喝酒的人都必须年满 21 周岁。许多州还对社区人口和卖酒的商店、酒吧的比例作出限制。在美国买酒时，店方一定要对顾客"验明正身"，要求顾客出示"社安卡"、"驾驶证"等有效身份证件。新泽西州的州法还明确规定任何人不得在车内饮酒，车上不得放置已经开启瓶盖但还未饮用过的含酒精饮料，否则罚款 200 美元和社区服务 10 天。在美国可以见到啤酒广告，但红酒、烈性酒（威士忌、金酒、罗姆酒、伏特卡等）则不允许做广告。美国人喝酒一般都不劝酒，当然热情的主人会友好地询问客人是否还要喝，但那是出于礼貌，并没有强势的意向。因此，一般酒桌上所谓的"干杯"，实际上是中国人说的"随意"。

葡萄酒是法国人生活的最爱，法国大香槟地区出产的香槟酒拥有国际认可的"香槟"品牌声誉，法国的科涅克出产的科涅克酒（干邑白兰地）则是白兰地的极品。法国人、意大利人有近似的饮酒习惯，首先是餐餐有酒，其次餐前有开胃酒，餐后有烈性酒。每餐的酒肴相配也有规矩：

清代《广舆胜览》中18世纪的英国人，在中国人眼中是手捧酒瓶不醉不休的形象。

肉肴配红葡萄酒、鱼虾配白葡萄酒等。意大利人爱酒而有节制，很少在公共场所见到东倒西歪的酒鬼。德国人嗜好啤酒，据说慕尼黑啤酒节已经有近两千年的历史了。

西方酒桌上一般不会出现热烈的劝酒场面。因此，对欧美与宴者，通常应把握"让到是礼"的民主自由分寸。否则西方人难免会产生"中国人喝酒为什么要强迫？劝酒不喝为什么就是瞧不起他？为什么让别人喝醉了自己才高兴"的疑问，花钱、费神、吃力讨人嫌的事还是少做、不做为妙。

中国人没有不同酒品兑饮或接续喝几种不同酒品的习惯，许多人混饮易醉。欧美人则喜欢喝兑酒、混合酒、加酒的混合饮料，喝烈性酒、甚至白葡萄酒等酒品时，也喜欢喝冰镇的，或加上小冰块喝。在欧美人的观念中，酒和水都是解渴的饮料。所以，他们随时随地都可以喝上一杯，并且不需下酒菜肴。当然，核桃仁、炸土豆片、干乳酪之类的小食品也可以权作佐饮之物。至于正餐饮酒，他们同样比较讲究酒肴的搭配，并且重视不同酒品的先后顺序。外国人的早餐不喝任何酒精饮料，而果汁是不免的；午餐或便饭时喝啤酒；晚餐时喝开胃酒、葡萄酒、香槟酒等；餐后，通常要喝些白兰地、威士忌，以助消化。欧美人的喝酒方式有干喝、兑喝、冻喝等。干喝指单喝某一种酒，不掺兑任何其他饮料；兑喝是喝某一种酒时兑上其他饮料，如苏打水（兑威士忌）、干姜水、汤力水（一种奎宁水）、鲜果汁、汽水，甚至可以兑上咖啡。在国外旅馆酒厅中供应的一种有名的"爱尔兰咖啡"，就是在热浓咖啡中兑入爱尔兰威士忌，再加鲜奶油的一种美酒加咖啡的混合饮料。鸡尾酒也很受欧美人的喜爱。鸡尾酒是一种随喝随调配的混合饮料。欧美人对酒的温度有严格的要求，冰冻的方法是整瓶预先放在冰箱内或临喝时放入碎冰桶内冷却。干喝烈性酒时喜欢加小冰块。

试酒是欧美人宴请客人时的斟酒仪式，国外餐厅格外重视酒的服务，因此服务员的酒水知识与服务技巧都是要令人满意的。服务员上酒时要先将酒瓶给客人看一下，请客人核实酒的品种、品牌、年份后再开瓶塞。

开瓶后，服务员要先闻一下瓶塞的味道，以检查酒质，然后用干净的餐巾擦一下瓶口，先向主人酒杯里斟少许酒，请主人品尝，若符合标准，经主人同意后，按座位或先女后男的顺序依次为每位客人斟酒，最后再给主人斟酒。与中国人"满杯斟酒"的习惯不同，西方人不会斟满杯，葡萄酒斟八分满，白兰地酒则只斟三四分满。目的是让酒的香味在杯中有回旋的余地，使饮者在未入口前端杯时可欣赏一下酒香味。

饮葡萄酒的顺序也很讲究：一般是先白后红，先新后陈，先干后甜；开胃酒及鸡尾酒多在餐前饮；雪利酒在喝汤时饮；砵酒多在吃甜食及水果时饮；利久酒在餐后喝咖啡时饮。只有香槟酒可以在宴程的任何时段饮用，因为香槟酒开瓶时的那一声美妙清脆的响声，随时随地都会增加欢乐气氛。香槟酒是喜庆酒宴的必备，被誉为"酒中之王"。法王路易十五的情妇蓬巴杜夫人曾非常感慨地评价说："香槟是唯一一种能让女人喝下去变得漂亮的酒。"玛丽莲·梦露一生酷爱香槟，她的那句"喝一杯香槟酒的感觉就像过节般美妙"的话，在美国男人听来有万种风情。她生活的每一天都要有香槟伴随，连服安眠药自杀也没有忘记香槟。香槟酒可以配合任何菜式一起饮用，并可增加高贵的气氛。欧美人的饮食习惯是进餐结尾时上甜食，所以，甜味酒往往放在后面饮用。

干杯

"干杯"一词的文录，据说最早见于12世纪时的《诺曼底公爵编年史》。其实，作为一种酒场文化，它应当是一种在文字记载以前就存在的习俗。

明代《秋宴图》，描绘了官员饮酒作乐的场景，主人四顾进酒的神情跃然纸上。

古希腊盲诗人荷马的叙事史诗《伊利亚特》中，众神在金色广场上围绕着宙斯神一起不停地干杯，干杯的理由是人生永恒的美好追求——"幸福"、"长寿"、"快乐"。罗马时代，人们通常会在酒宴上说祝酒词"为了您的健康"，然后干掉杯中酒，并且将喝空了的酒杯展示给被敬酒者看。酒宴上慷慨干杯，曾被认为是考验男人气概的方式，"男子汉气概"几乎成了让一个男人真正感兴趣的唯一东西了。于是，互不示弱，大觥豪饮，就成了男人聚饮的积习时尚。公宴、聚饮，尤其是特殊仪礼的酒宴场合，特殊身份与特别名目的"干杯"提议是必须兑现的，是一口饮净的爽快的"干"——干干净净。一些时候则是象征性的，示意而已，所谓"干杯"并非真干。对"干杯"的理解，东西方不同，中外亦有异，西方的餐桌上鲜有"干杯"的提议——无论是主人、组织者，还是与宴人。西方文化奉行的是"让到是礼，各尽所欢"的原则。时下中国宴阵上的干杯则往往是"强酒"——强迫人喝酒，官场上态势的上下、强弱，尤其是生

意场的主客酬酢，"干杯"往往有迫人必从的意味。中国大陆改革开放以来"强酒辞"文化兴起并流泛至今，诸如"感情深，一口闷；感情浅，舔一舔"，"一条大河波浪宽，端起这杯咱就干"，"朋友感情深，一起打吊针"等。中国有句俗语叫作"酒肉朋友"，与另一句俗语"狐朋狗友"相去不远。前者是暗贬，后者是明损。能做到敬酒而不强酒也是一种文明进步，敬酒绝非灌酒，喝好不等于喝倒。"只要感情有，喝啥都是酒"的说法虽近调侃，却大有道理。

美酒佳肴的学问

"美酒佳肴"重在酒

"子夏问'孝'。子曰：'色难。有事弟子服其劳，有酒食，先生馔，曾是以为孝乎？'"（《论语·为政》）对待亲长做到"孝"不是件容易的

丁观鹏所绘古人宴饮图

事，时时处处都做得好的确很难。阖家聚居的生活中，晚辈面对亲长时可能表现出或不经意流露的诸如不耐烦、不情愿、不认可的表情、姿态等，都会引起亲长的不快，而这是违背"顺者为孝"的精神的。按照儒家"孝"的思想理念，孝是必须达到"诚"、"敬"的境界，诚是发自内心的真诚，敬是行为上恭谨，因此在"色"上就一定会恭顺、和蔼，要永远如此的确不容易。因为无私的亲情决定了一个屋檐下近亲之间的无间性，父兄对子女弟妹的亲爱往往有碍尊严与威严在后者心中的建立，过亲则近乎昵，可能产生"不逊"的后果，"随意"和"不经意"的心理、表情，不郑重和失于尊重的情态可能会出现。这就是严格做到"孝"的"色难"——恭谨、顺从并非来自于上下级之间严格的制度约束，也没有随时担心犯错的警惕和不敢有过的战战兢兢。想象一下公务员接听长官电话和职员对上级汇报时的神情姿态，孔子讲的为孝"色难"二字就不难理解了。色难的问题解决了，回到物质层面的生活中来，体现孝的重要方面就是饮食了。"有酒食，先生馔"，酒和食品要先让父兄长辈用。酒在"食"前，酒的地位可见一斑。中华传统是"宴必有酒"，"好菜不能无酒"；有酒也一定要有"酒肴"，即俗语所谓"下酒菜"。

"酒"、"肴"要在相得

中华本草学有"温热寒凉平"、"君臣佐使"的理念。酒、肴相得是有道理寓于其中的，故古人重之。中华习语是"美酒佳肴"，习惯则称为"好酒好菜"。那么，酒与菜的搭配关系怎样呢？酒与菜的关系，历史上基本是习惯遵循，现代则有了越来越多的经济、科学、文明的理性思考成分。袁宏道《觞政》第十四节的"饮储"——"下酒物色"的品目原则，代表的是中华历史上士人习惯遵循的酒肴搭配原则与审美情趣。不应忽视，袁宏道的"清品"、"异品"、"腻品"、"果品"、"蔬品"的酒肴品目理念与价值判定、排列顺序是有内涵的，它既是该时代上层社会饮食审美的一般价值观，也是历史社会学视野中的酒肴结构的"习惯遵循"，是生动准确的历史情态。应当说，至今也还是这样的原则与风格，至少中下层社会传统意义上的酒肴风格仍然与之相去不远。当然，酒店中的所谓高档消费就明显不同了，看看全国大中城市豪华酒店触目皆是的"燕鲍翅"招牌就不言自明了。今日看来，鲜蛤、糟蚶、酒蟹之类佐酒，滋养、自娱皆称适宜，西施乳其实也应划归古人理解的水族鲜蛤之属。西施乳即河豚白，历史上一向有"味为海错之冠"的美誉。西施乳可以用清蒸、白烩、软溜等烹饪方法加工，一道"胭脂西施乳"（俗名笃鱼白）颇为有名。净治河豚鱼白十副，加调料蒸熟后烩勺，高汤内再烹，配天然苋菜，收汁勾芡，淋花椒油翻勺装盘。或再佐另配蘸食料进食。此肴鱼白淡红，甘腻细嫩，色美风隽。"西施乳"的原料名，一如"西施舌"（沙蛤的白肉）一样，是十足中国男人式的想象。熊白是取自熊背上的白脂，南朝著名本草家陶弘景说熊"脂即熊白，乃背上肪，色白如玉，味甚美。寒月则有，夏日则无"（《本草纲目·兽部》）。羔羊、子鹅炙之类的荤肴一直是中国历史上最看重的北、南两方的代表性菜品，自然是佐酒的上选。如今日酒桌上经常出现的白切羊肉（佐以椒盐）、盐水鹅，即是历史传统的延续。鲜笋、早韭之类的时鲜细蔬，自然是下酒的上选。至于松子、杏仁、花生米（椒盐、卤煮、油瀹）、茴香豆（卤煮、盐渍）等尤宜佐酒。品酒一如品茶，绝好的酒与茶，皆应全真本味，应当是浑脱脱的清水芙蓉，任何妆点修饰均是唐突西子。所以，饮亦不能一蕉叶的笔者，在回答酒客"何肴佐美酒"之问时，总会回以"果真美酒，惟有咸菜"的意见。诚然，咸菜亦有讲究，如《红楼梦》中贾母佐粥亦用"野鸡瓜子"。传统的北京六必居小菜、涪陵榨菜、宁波雪菜、云南桂花大头菜等均可。总之，咸菜不可太咸，不可油腻，不宜更多佐料。山珍海错罗列的宴阵上，酒与肴入口，亦不可鱼贯影随，否则两美尽失。

西餐的酒、肴配伍原则也与中餐相通，不妨借鉴。西方人搭配酒、肴的习惯一般是：

无甜味白葡萄酒、无甜味香槟酒——鱼、虾、海鲜；

无甜味或半无甜味白葡萄酒、玫瑰红葡萄酒——冷盘或热荤；

味浓醇的红葡萄酒——牛排、烤肉、鸡；

浓红葡萄酒——鸭、鹅等肉食野味；

红葡萄酒、白葡萄酒、樱桃酒——干奶酪等；

香槟酒或其他葡萄汽酒、甜味葡萄酒——甜食。

高士饮酒宴乐纹嵌螺钿铜镜

古人杯中几度酒

历史上的许多名人都有酒的故事，难道中国人是天生的酒虫？何以古人竟多大户？

「酒有别肠」又有何道理？

杯中几度酒

水酒度微

中国历史上久有"水酒"之说,"水酒"与时下的"酒水"意义是大不相同的。"坎为水酒食之象。"(赵以夫《易通》)"及水酒、韭、盐之祭。"(卫湜《礼记集说》)水酒应是近乎事酒的极低度酒。史书上所说的"牛饮"、"豪饮"、"痛饮",大半是此类酒。正因为水酒度数很低,才使历史上豪饮者众,大户称雄者多,才会有以酒量大、豪饮无拘为雅逸风流的习尚。

浏览古书尤其是历代诗文,往往可以看到作者对豪饮场景的不厌其烦的欣赏,"豪饮"、"海量"竟成赞美之词。武松喝了十八碗酒醉打景阳冈虎的文学渲染,多少年来令人无限景仰;李白的"百年三万六千日,一日须倾三百杯"诗句更让历代文人津津乐道。战国时齐国政治家淳于髡有饮量,齐威王为其庆功,"置酒后宫,召髡赐之酒。问曰:'先生能饮几何而醉?'对曰:'臣饮一斗亦醉,一石亦醉。'威王曰:'先生饮一斗而醉,恶能饮一石哉,其说可得闻乎?'髡曰:'赐酒大王之前,执法在傍,御史在后。髡恐惧俯伏而饮,不过一斗径醉矣。若亲有严客,髡卷韝鞠跽,侍酒于前,时赐余沥,奉觞上寿,数起,饮不过二斗径醉矣。若朋友交游,久不相见,卒然相睹,欢然道故,私情相语,饮可五六斗径醉矣。若乃州闾之会,男女杂

丁云鹏《漉酒图》（局部）

坐，行酒稽留，六博投壶，相引为曹，握手无罚，目眙不禁，前有堕珥，后有遗簪，髡窃乐此，饮可八斗而醉二参。日暮酒阑，合尊促坐，男女同席，履舃交错，杯盘狼藉，堂上烛灭，主人留髡而送客，罗襦襟解，微闻芗泽，当此之时，髡心最欢，能饮一石。"（《史记·滑稽列传》）淳于髡酒量究竟多大姑且勿论，他讲的场境、心情因素也的确是影响一个人酒量发挥的重要因素。东汉末献帝建安二年（197年），袁绍为大将军，兼督冀、青、幽、并四州，欲强学名播九州的郑玄为己所用。袁绍"一见玄叹曰：'吾本谓郑君东州名儒，今乃是天下长者！夫以布衣雄世，斯岂徒然哉！'及去，绍饯之城东，必欲玄醉。会者三百人，皆使离席行觞，自旦及暮，计玄可饮三百余杯，而温克之容，终日无怠。"（陶宗仪《说郛·商芸小说》）郑玄何以有如此酒量？他本是个学问名天下、囊中无分文的穷书生，而且时年已是71岁，所谓古来稀者，焉能如斯来者不拒？野史小说家言，恐不可信。晋代"竹林七贤"之一的刘伶更是个因酒留下赫赫名声的人物。他曾在酒神主前跪祝："天生刘伶，以酒为名。一饮一斛，五斗解酲。"（《晋书·刘伶列传》）不知这位为酒生、因酒死的建威将军酒量究竟如何，既是在神前祷告，或许不致太离谱。历史上的许多名人都有酒的故事，难道中国人是天生的酒虫？何以古人竟多大户？"酒有别肠"又有何道理？

古人不懂生理解剖学，也没有生物化学的知识，他们自然解释不了人酒量不同的原因所在。现在我们知道，人的酒量大小取决于体内酶的不同。促进人体化学反应的催化剂——酶有许多不同的类别。参加酒精代谢的酶是乙醛脱氢酶，肝中的乙醇脱氢酶负责将乙醇（酒的成分）氧化为乙醛，生成的乙醛进一步在乙醛脱氢酶催化下转变为无害的乙酸（醋的成分）。乙醛毒性高于乙醇，是造成宿醉的主要原因之一。负责人体内乙醛转化的主要是肝中的乙醛脱氢酶（ALDH），它有两种同功酶，分别分布于胞质溶胶（ALDH1）与线粒体（ALDH2）。两者在催化速率上有很明显的差异，ALDH2 对乙醛的催化效率低于 ALDH1，约为后者的 1/10。酒量大的人有两种乙醛脱氢酶同工酶，而酒量小的人只有一种同工酶，医学上称后一类人为乙醛脱氢酶缺陷型。比起有两种同工酶的人来，只有一种同工酶的人酒精的代谢速率很低，有些人一喝酒就醉，其实就是轻度的酒精中毒。这是因为染色体隐性遗传所致，人群中有 36% 的人是乙醛脱氢酶缺陷型，他们属于少饮就醉的"不能喝"类型。另外，患有某种遗传病的人，体内无法分泌乙醇脱氢酶，醉酒后酒精就会在肝脏处无法分解，并会到达全身，导致生命危险。

为了弄清楚古人的酒量，明代学者谢肇淛曾就古书中记载的饮酒具的容量做了一番研究："古人量酒多以升、斗、石为言，不知所受几何。或云米数，或云衡数。但善饮有至一石者，其非一石米及百斤明矣。按朱翌《杂记》云：'淮以南酒皆计升：一升曰爵，二升曰瓢，三升曰觯。'此言较近。盖一爵为升，十爵为斗，百爵为石。以今人饮量较之，不甚相远耳。"（谢肇淛《五杂俎·物部三》）引文中的朱翌系两宋之际人，《杂记》即朱翌所著《猗觉寮杂记》。原来问题出在容器名实的时代差异上。谢肇淛搞清楚了，但是时下许多人还是有疑惑。因为谢肇淛是以他那个时代江南地区流行的饮酒习惯与酒品而论的。重要的是，谢肇淛当时流行的酒品还不是蒸馏酒，一般品质比较高的酿造酒酒精含量大约是 10 度左右，至于市井百姓饮用的大众消费品，酒度则更低。我们知道，我国传统的曲药发酵法不可能得到 14 度以上的酒，因为 14 度乙醇是酵母生命的临界点，过此则酒化停止。据说曹操还曾为取得高纯度的酒做过实验，产品命名为"九酝酒"，是经过多次酿造的美酒。曹操怎么会想出这个主意呢？原来他家乡已故县令郭芝家

竹林七贤

有一种"九酿春酒"就是如此制造的。曹操听说后就让属下有司依法加工，还因此煞有介事地给皇帝上了一道奏章表功。那个时代没有知识产权意识，曹操剽窃去了也不会有人发出疑问。"汉制：宗庙八月饮酎，用九酝太牢，皇帝侍祠。以正月旦作酒，八月成，名曰'酎'，一曰'九酝'，一名'醇酎'。"（刘歆《西京杂记》）不知是否与曹操的进奉有关。

汉代的酒，酒精含量也很低。汉代人饮用的酒，一般不会比三代期的"事酒"高多少。夏商周三代由于祭祀的"事酒"最快一宿则成，其酒精含量大概相当于今日的无醇啤酒，在当时也仅仅是与"玄酒"——水略有区别而已。《尚书》中"若作酒醴，尔惟麴糵"的酒，大概也就相当于今日淡爽啤酒的酒精含量 3.5 度左右。宋代科学家沈括曾严肃考勘后正确地认断：汉酒不过"粗有酒气"而已。他的那部被西方学者称为中国古代百科全书的《梦溪笔谈》中有如下记录：

> 钧石之石，五权之名，石重百二十斤。后人以一斛为一石，自汉已如此，"饮酒一石不乱"是也。挽蹶弓弩，古人以钧石率之。今人乃以粳米一斛之重为一石。凡石者，以九十二斤半为法，乃汉秤三百四十一斤也。今之武卒蹶弩，有及九石者，计其力乃古之二十五石，比魏之武卒，人当二人有余；弓有挽三石者，乃古之三十四钧，比颜高之弓，人当五人有余。此皆近岁教养所成。以至击刺驰射，皆尽夷夏之术；器仗铠胄，极今古之工巧。武备之盛，前世未有其比……汉人有饮酒一石不乱。余以制酒法较之，每粗米

汉代画像石，表现了"投壶赌输赢，玉尊前进酒"的宴会娱乐场景，似乎永远享受酒的奢华

二斛，酿成酒六斛六斗。今酒之至醨者，每秫一斛，不过成酒一斛五斗，若如汉法，则粗有酒气而已。能饮者饮多不乱，宜无足怪。然汉之一斛，亦是今之二斗七升。人之腹中，亦何容置二斗七升水邪？或谓："石乃钧石之石，百二十斤。"以今秤计之，当三十二斤，亦今之三斗酒也。于定国食酒数石不乱，疑无此理……余考乐律，及受诏改铸浑仪，求秦汉以前度量斗升：计六斗当今一斗七升九合；秤三斤当今十三两；一斤当今四两三分两之一，一两当今六铢半。为升中方；古尺二寸五分十分分之三，今尺一寸八分百分分之四十五强。

由此可知，古书中大量充斥的"海量"，其实也不过我们现实生活中"一箱啤酒的量"。2003 年，考古工作者在西安汉墓中发现一罐西汉时期的重 52 斤的酒。气相色谱分析结果是酒精含量只有 0.1%。西汉的 1 升，只不过是现在的 0.3 升。东汉的 1 升，不足现在的 0.2 升。唐代时期的 1 升也不到现在的 0.6 升。古人对那些大酒量的渲染性表述实在不可过于当真。至于那些在竞争场合冲击生理极限的"拼命灌酒"者，在限定时间里灌进体内的酒的数量恐怕是史无前例的。曾经先后获得青岛国际啤酒节 8 届冠军、有"啤酒王"称号的青岛市民高仲在 2001 年的啤酒节向澳大利亚前总理霍克宣称自己喝 1500 毫升啤酒只需 8 秒多。他创造的中国吉尼斯纪录是喝下一瓶 640 毫升的啤酒只需 3.17 秒。而霍克年轻时的纪录则是 11 秒喝下 1420 毫升啤酒。美国人史蒂芬·派特罗斯诺在 1977 年创造了世界上喝啤酒最快的记录，在 1.3 秒内喝完了 1000 毫升啤酒，至今无人能破。至于一个人在无约束状态下的连续一次性喝啤酒的极限饮量似乎还没有权威的文字记录。仅仅按单位时间饮酒量来衡量一个人的酒量并不准确，还应当像奥运会体育竞赛严格限定赛手性别、年龄、体重等指标一样，对于酒种，必须明确同一品牌、乙醇含量、温度、准确容量等。当然，是否有必要搞这样的竞赛还是个首先值得明确的问题。因为任何社会性活动，都应当秉持愉快、健康、积极的原则，那么，

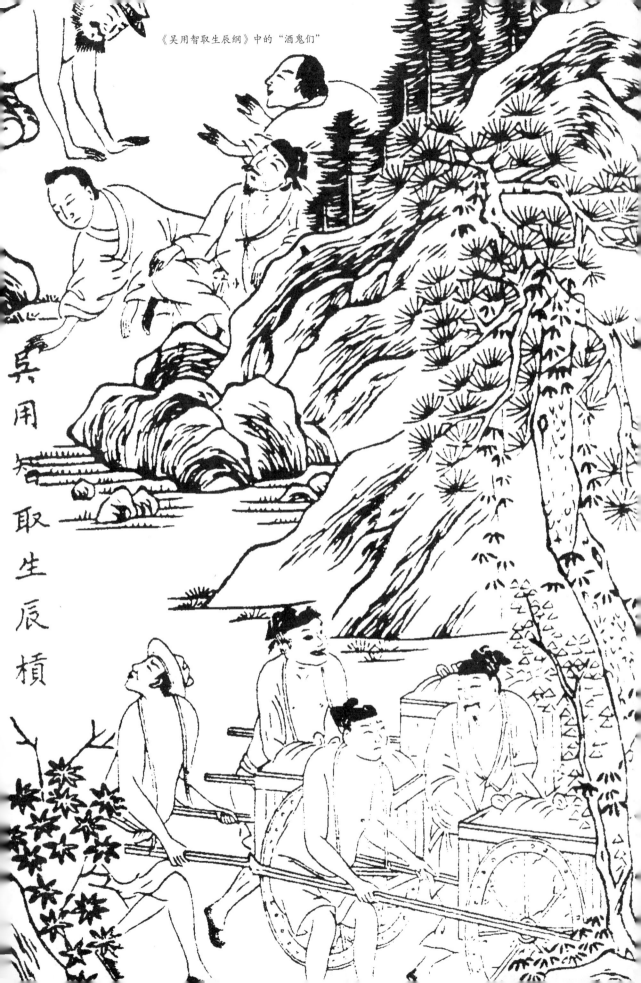

《吴用智取生辰纲》中的"酒鬼们"

吴用智取生辰纲

许多竞赛性的喝酒活动是否必要就需要重新商榷了。

如此看来，"一箱半"的数量似乎算不得啤酒大户。至于蒸馏酒，笔者阅历所知有：20世纪60年代末，黑龙江省讷河县九井公社双兴大队有可以10个小时内饮掉三斤半50度传统烧锅高粱烧者；70年代于黑龙江杜尔伯特蒙古族自治县认识一王姓同事，其人曾做过入朝志愿军陪酒员的军中兼职，自称有"三斤量"而不醉；80年代曾有一位李姓学生，长期在酒店工作，她经常陪各级领导喝酒而很少醉过，新加坡媒体曾报道过她访问4天期间每日上、下午均轻松饮一瓶茅台酒的故事。90年代在大连的几次宴饮场合均见识一位姜姓政界人物，其人谈吐斯文，彬彬有礼，自谓"从来没醉过，至今每天最少一斤酒"，本人目睹了他的饮酒风格：任何品牌与度数的一瓶白酒，开瓶之后，先后分两次注入容量恰好为半瓶酒的统一玻璃杯中，宴间悠悠然边吃边谈，相度众人进程感觉，谓"不忙，诸位先来，我随后，不会落下"；其后，择时端杯一饮而尽；吃谈复然，再适机倾饮一杯；一席间，以一瓶为度，仅举杯两次，谓之"一口到中央，两口到地方"。2006年，笔者又与黑龙江阿城一位60岁高姓满族人酒桌相遇，见证了其人一斤半的白酒量。其人谓，每日酒量一斤半，盖早餐二两、午餐五两、晚餐八两。至与余相见已经喝满了一个八吨容量的油槽厢。笔者因之志诗一首："酒徒无须说高阳，事功微醺妇孺尝。四十二度淡似水，一斤半量略润肠。每天二五八足两，半生四公吨槽厢。粗语大金皇城下，女真文化只称觞。"笔者很早就认为"世界各民族几乎都独立地发明过酒"。人类是普遍嗜酒的种群，因此世界上不乏海量之辈。日本的相扑运动员，一般都能饮三四十瓶啤酒。据说加拿大身高2.30米、体重227公斤的法国籍摔跤运动员安德雷有一次与另一摔跤手比赛饮啤酒，喝到酒吧打烊时，他已经喝了147瓶，而且似乎还意犹未尽。

豪饮不可取

　　既然酒量大小在古代宴阵上是决定胜负的重要标志，古人自然也就特别关注那些有大酒量的人。生活中的一般现象是，体壮身硕的人往往酒量也就相对大些，但也不尽然，这就让人产生了疑问，于是有了"酒有别肠"的解释。五代十国时闽国的周维岳，身不伟岸，而酒量甚大。酒鬼闽帝王羲问身边的人："维岳身甚小，何饮酒之多？"左右回以："酒有别肠，不必长大。"（《十国春秋·闽·景宗纪》）王羲一定是信以为真了，"酒有别肠"四个字在中国历史文录中频频出现时也是信乎两可之间的。但自从蒸馏酒逐渐被大众接受之后，"牛饮"二字的使用频率也就渐渐少了。尽管明中叶以后文书中不乏过饮"烧刀子"——蒸馏白酒的记载，但已经是完全指责挞伐而非赞赏称誉了。现实生活中有一种"吹喇叭"的狂饮之法，即酒瓶去盖儿后，口对瓶嘴一气吞净，以示豪气。此种喝法，多见于赌胜场合，通常是啤酒。如此喝法对付一瓶白酒的，很少见，某些特别人群、特殊场合也曾有见闻。

中国的酒店与酒吧

酒店

　　中国酒店之历史，由来相当久远，饮食业的兴起可以说是伴随商业而来。谯周《古史考》说，姜尚微时曾"屠牛于朝歌，卖饮于孟津"。这算是比较早的文字记载了。随着社会文化的进步和商业经济的发展，饮食业的发展总趋势当是日渐繁荣的。从宋代的酒店到明代的酒楼，直至清代的饭庄，都是名酿毕陈，味列山海。这自然指的是酒店中的上乘者，犹如今日现代化高星级饭店称为"大酒店"者。但历史上的酒店不仅指这些大酒店，它更多地是指各类小店，酒店是统称，泛指酒食店。北宋人记首都东京汴梁酒店文为：

明代《南都繁会图卷》（局部）

　　凡京师酒店，门首皆缚彩楼欢门，唯任店入其门，一直主廊约百余步，南北天井两廊皆小阁子，向晚灯烛荧煌，上下相照，浓妆妓女数百，聚于主廊槏面上，以待酒客呼唤，望之宛若神仙。北去杨楼，以北穿马行街，东西两巷，谓之大小货行，皆工作伎巧所居。小货行通鸡儿巷妓馆，大货行通笺纸店。白矾楼，后改为丰乐楼，宣和间更修三层相高，五楼相向，各用飞桥栏槛，明暗相通，珠帘绣额，灯烛晃耀。初开数日，每先到者赏金旗，过一两夜……大抵诸酒肆瓦市，不以风雨寒暑，白昼通夜，骈阗如此。州东宋门外仁和店、姜店，州西宜城楼、药张四店、班楼，金梁桥下刘楼、曹门蛮王家、乳酪张家，州北八仙楼、戴楼门张八家园宅正店、郑门河王家、李七家正店、景灵宫东墙长庆楼。在京正店七十二户，此外不能遍数，其余皆谓之"脚店"。卖贵细下酒，迎接中贵饮食，则第一白厨、州西安州巷张秀，以次保康门李庆家、东鸡儿巷郭厨、郑皇后宅后宋厨、曹门砖筒李家、寺东骰子李家、黄胖家。九桥门街市酒店，彩楼相对、绣旆相招，掩翳天日。政和后来，景灵宫东墙下长庆楼尤盛。

（《东京梦华录·酒楼》）

文中所述，均为宋时都城中具有相当规模的酒店。属于"正店"一档，它们多以"楼"为名。这楼，大半是略超乎平居而次第升起的多层建筑，但最高似乎也只是三层。如被称为"天下第一楼"的白矾楼是五座楼连成一体的三层建筑。那是北宋正耽于燕乐的时代，也是白矾楼最盛的年月。这种豪华大酒店的消费之昂贵便也可想而知："凡酒店中，不问何人，止两人对坐饮酒，亦须用注碗一副，盘盏两副，果菜碟各五片，水菜碗三五只，即银近百两矣。虽一人独饮，碗遂亦用银盂之类。"南宋诗人刘子翚诗："梁园歌舞足风流，美酒如刀解断愁。忆得少年多乐事，夜

周臣《春山游骑图》中的酒肆

深灯火上樊楼。"此处的樊楼，是南迁后在南宋都城临安（今杭州）的酒楼，为著名的"北食店"，是托名北宋都城的樊楼而来的，或者就是旧楼主家的新楼。正店之外的店都称为"脚店"，大概兼有旅店的业务。宋室南迁之后，虽偏安杭州，江山只存半壁，但时代经济大势，社会风习已然积成，上层集团苟且耽安，故京城"临安"的餐饮业之繁华不逊汴梁之时：

> 中瓦子前武林园，向是三园楼康、沈家在此开沽，店门首彩画欢门，设红绿杈子，绯绿帘幕，贴金红纱栀子灯，装饰厅院廊庑，花木森茂，酒座潇洒。但此店入其门，一直主廊，约一二十步，分南北两廊，皆济楚阁儿，稳便坐席，向晚灯烛荧煌，上下相照，浓妆妓女数十，聚于主廊檐面上，以待酒客呼唤，望之宛如神仙。……大凡入店不可轻易登楼，恐饮宴短浅。如买酒不多，只坐楼下散坐，谓之"门床马道"。初坐定，酒家人先下看菜，问酒多寡，然后别换好菜蔬。有一等外郡士夫，未曾谙识者，便下箸吃，被酒家人哂笑。然店肆饮酒，在人出著，且如下酒品件，其钱数不多，谓之"分茶"，小分下酒，或命妓者，被此辈索唤珍品、下细食次，使其高抬价数，惟经惯者不堕其计。曩者东京杨楼、白矾、八仙楼等处酒楼，盛于今日，其富贵又可知矣。且杭都如康、沈、施厨等酒楼店，及荐桥丰禾坊王家酒店、闇门外郑厨分茶酒肆，俱用全桌银器皿沽卖，更有碗头店一二处，亦有银台碗沽卖，于他郡却无之。
>
> （《梦粱录·酒肆》）

时隔9个多世纪以后的今天，酒店餐馆之中各种奢华与龌龊促销手段几乎全是昔日酒家伎俩的照搬，历史如此惊人地相似，其发人深省之处也就不能不让今天的读者骇然了。宋元以后，酒楼之称，一般专指建筑巍峨崇华、服务档次高的大酒家，而酒店则逐渐特指专营酒品，没有或只有简单佐酒之肴的酒家。明清小说中屡屡出现的"酒店"、"南酒店"、

"金华酒店"等就是此类。鲁迅先生《孔乙己》中的"咸亨酒店"是为近代之一证。至于狂悖之主、后赵皇帝石虎所建的"粘雨台",则是猎奇纵欲的作品,而非本来意义的酒楼。历史文献记载:

> 石虎于太极殿前起楼高四十丈,结珠为帘,垂五色玉佩,凤至铿锵,和鸣清雅。盛夏之时,登高楼以望四极,奏金石丝竹之乐,以日继夜。……台上有铜龙,腹容数百斛酒。使胡人于楼上噗酒,

风至望之如露，名曰"粘雨台"。用以洒尘，楼上戏笑之声音震空
中……

（《拾遗记》）

古代以酒为重，故有酒肉、酒食、酒菜、酒肴、酒馔、酒饭等说法，
断无前后两字易置的称谓。古代的酒店，除逆旅打尖的作用之外，同时
也是一种特定的社交场合，又由于酒榷专卖，一般家庭难得有家酿，故

佚名《皇都积胜图》

旅从往来、友朋欢会、买卖商洽、信息交换、偶尔思饮、寻求欢乐等，则酒店可为第一去处。《宋史·鲁宗道传》载：

> 宗道为人刚正，疾恶少容，遇事敢言，不为小谨。为谕德时，居近酒肆，尝微行就饮肆中，偶真宗亟召，使者及门久之，宗道方自酒肆来。使者先入，约曰："即上怪公来迟，何以为对？"宗道曰："第以实言之。"使者曰："然则公当得罪。"曰："饮酒，人之常情；欺君，臣子之大罪也。"真宗果问，使者具以宗道所言对。帝诘之，宗道谢曰："有故人自乡里来，臣家贫无杯盘，故就酒家饮。"帝以为忠实可大用，尝以语太后，太后临朝，遂大用之。

明代，是继宋之后城镇建设与市肆商业进一步发展的时期，酒店业发展也随之超越往古。明朝之初，经元末战争破坏后，经济凋敝，明太祖朱元璋便令在首都应天府（今南京）城内建造十座大酒楼，以便商旅、娱官宦、饰太平："洪武二十七年（1394年），上以海内太平，思与民偕乐，命工部建十酒楼于江东门外。有鹤鸣、醉仙、讴歌、鼓腹、来宾、重译等名。既而又增作五楼，至是皆成。诏赐文武百官钞，命宴于醉仙楼，而五楼则专以处侑酒歌妓者……宴百官后不数日……上又命宴博士钱宰等于新成酒楼，各献诗谢，上大悦……太祖所建十楼，尚有清江、石城、乐民、集贤四名，而五楼则云轻烟、淡粉、梅妍、柳翠，而遗其一，此史所未载者，皆歌妓之薮也。"时人曾诗咏以志其事："诏出金钱送酒垆，绮楼胜会集文儒。江头鱼藻新开宴，苑外莺花又赐酺。赵女酒翻歌扇湿，燕姬香袭舞裙纤。绣筵莫道知音少，司马能琴绝代无。"（沈德符《万历野获编·补遗卷三》）这种由至尊天子倡令，在国家政策支持下开办的酒楼，其起造雄阔，粉饰豪华，声价隆盛，生意兴旺，自是可想而知。按朱元璋旨令在南京相继开张的酒楼，前后共有15座，京中官宦到这些由"工部建"的"国营"——朱记政府官营的大酒楼中去饮宴，也是按市场规矩，现钞交易。但京中文武百官虽是酒楼涉足者中的贵客，毕竟也是稀客，经常和大量的还是来自帝国域内外的众多商人，因此"待四方之商贾"才是最主要的业务。尽管如此，大概也因为官商管理体制的失灵，终于到了宣宗宣德二年（1427年），由"大中丞顾公佐始奏革之"。

有理由认为，明初官营大酒楼的撤销，除了管理弊窦、滋生腐败等内部原因之外，外部因素则是逐渐兴旺发达起来的各种私营酒店的竞争压力所迫。因为明中叶时，已经是"今千乘之国，以及十室之邑，无处不有酒肆"，餐饮业十分繁兴发达的时候了。酒肆的"肆"，意为"店"、"铺"，古代一般将规模较小，设备简陋的酒店、酒馆、酒家统称为"酒肆"。"酒肆"之称，至迟于汉时便见于文录了："酒家开肆待客设酒垆，故以垆名肆。"（《汉书·食货志》）自汉而后，直至近代，酒肆一词在文人笔下便泛称各类酒店餐馆，特指则仅限于陋馆小店。正因为酒肆是陋小酒店的特指，故十室之邑无处不有之说才恰切于史实。《水浒传》中借酒成名的打虎英雄武松，去寻打蒋门神时的一段文字正好生动地反映了这种事实：

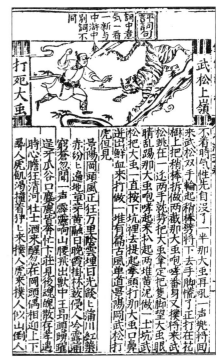

武松打虎

> 武松道："我和你出得城去，只要还我无三不过望。"施恩道："兄弟，如何是无三不过望？小弟不省其意。"武松笑道："我说与你。你要打蒋门神时，出得城去，但遇着一个酒店便请我吃三碗酒，若无三碗时，便不过望子去。每个唤做无三不过望。"施恩听了，想道："这快活林离东门去有十四五里田地，算来卖酒的人家也有十二三家，若要每店吃三碗时，恰好有三十五六碗酒，才到得那里。恐哥哥醉也，如何使得！"武松大笑道："你怕我醉了没本事？我却是没酒没本事，带一分酒便有一分本事，五分酒五分本事，我若吃了十分酒，这气力不知从何而来。若不是酒醉后了胆大，景阳冈上如何打得这只大虫！那时节，我须烂醉了好下手，又有力，又有势！"

据这一段描写，从孟州城东门外直至快活林，其间大约十四五里地，设有酒肆十二三家，这些酒肆或没于"官道旁边"，或在丁字路口，相间不过一二里路程。连那"不村不郭"的"林木丛中"也有"一座卖村醪的小酒店"，不正是真实印证了"十室之邑，无处不有酒肆"的说法吗？

在历史上的乡鄙之地，更多的则是些小店，但这些远离城镇偏隅一处的小店却别有一种贴近自然、淳朴轻松的雅逸之趣，因而它们往往更能引得文化人的钟情和雅兴。明清两代的史文典献，尤其是文人墨客的笔记文录中，多有对此类小店的描写。同时，由于读书人的增多、入仕的艰难和商业的发展等诸多原因，一方面是更多的读书人汇入商民队伍，另一方面则是经商者文化素养的提高，市民文化有了更深广的发展。明代中叶一则关于"小村店"的记述很能发人深省："上与刘三吾微行出游，入市小饮，无物下饮。上出句云：'小村店三杯五盏，无有东西。'三吾未及对，店主适送酒至，随口对曰：'大明国一统万方，不分南北。'明日早朝召官，固辞不受。"文中的"上"，当是今北京昌平明十三陵定陵墓主神宗朱翊钧。这个在位 48 年之久的尸位皇帝，于国事几乎是一无建树。明帝国其时已经是落叶飘忽，满目西风了。那位小村店主人或许就是位洞悉时局的大隐于市者，因而才坚定地拒绝皇帝让他做官的恩赐吧。

清代酒肆的发展，更远超以往任何时代。"九衢处处酒帘飘，涞雪凝香贯九霄。万国衣冠咸列坐，不妨晨夕恋黄娇。"（赵骏烈《燕城灯市竹枝词·北京风俗杂咏》）乾隆时期是清帝国的太平盛极之世，是中国封建经济活跃繁荣的鼎盛时代，西方文明虽蒸蒸日上，但尚未在总态势与观念上超越东方文明中心的中国。这首描述清帝国京师餐饮业繁华兴盛的竹枝词，堪称形象而深刻的历史实录：早春时节，日朗气清，银屑扬逸，暖意可人。京师内外城衢，酒肆相属，鳞次栉比，棋布星罗。各类酒店中落座买饮的，不仅有五行八作、三教九流的中下层人士，而且有微行显达等各类上层社会中人，更有来自世界各国，操着不同语言的异邦食客。语言、服饰各异的饮啖者聚坐在大大小小的各式风格、各种档

山东微山县两城乡出土东汉中晚期画像砖，水榭中庄园豪族人物宴饮图

次的酒店中，那情景也的确是既富诗意又极销魂的。作者以那个时代中国男性读书人的特别心态来欣赏酒店之中那些来自异邦的别种风致的女人，酒店老板也一定会打心底里感谢那些金发女郎，她们的光临平添了店中多少神奇魅力，而他又多赚了多少醉翁之意不在酒者的酒钞！

京师北京如此，其他各埠邑亦相去无几。当时江南第一都会的南京，也是一番繁华景象："……里城门十三，外城门十八，穿城四十里，沿城一转足有一百二十多里。城里几十条大街，几百条小巷，都是人烟凑集，金粉楼台。……大街小巷，合共起来，大小酒楼有六七百座，茶社一千余处。不论你走到一个僻巷里面，总有一个地方悬着灯笼卖茶，插着时鲜花朵，烹着上好的雨水，茶社里坐满了吃茶的人。到晚来，两边酒楼上明角灯，每条街上足有数千盏，照耀如同白日，走路的人，并不带灯笼……真乃'朝朝寒食，夜夜元宵'！"（吴敬梓《儒林外史》）

酒吧

"酒吧"（Bar），在英文中的原意是指一种出售酒的长条柜台，后来被引申为在餐厅中附设的酒精饮料的消费场所。旅馆中专辟的饮酒居则称为酒吧间，更进一步以经营主打佐酒之肴为特色的则有卖牛排的牛排酒吧、卖沙拉的沙拉酒吧等。酒吧的经营特点自然是以卖酒品饮料为主，不像菜馆、饭店更重于菜品，后者主要是"餐"而非"饮"。因此，酒吧的功能主要是为三餐果腹以外需求的消费者提供正餐后的服务，故其营业时段大都从傍晚至深夜。据说，英国"鹿头酒吧"已经有五百年的历史了，曾有不少皇室成员光临，包括查理王子、安妮公主、菲腊亲王及根德公爵。

在今天的中国，尤其是大中城市，酒吧已经比比皆是。遍布全国各地城镇的各类饭店里也多有酒吧间的设置。以新生代时尚高消费群体为目标市场的酒吧基本追随西方风格，环境高雅，讲究装潢布置，有主题明确与个性化的艺术格调。一般备有钢琴，由专职演奏者现场弹奏乐曲，有的则装有音响设备，柔和轻曼的音乐，配以悦目赏心的光色，往往令人神迷流连。服务项目除为顾客提供酒品饮料外，自然也少不了供应一些特色菜肴、干鲜果品等。当代中国社会新精英族群海外生活的经历、亲近西方文化的体验、社交的需要、生活方式的养成与消费心理的倾向，以及充裕的购买力，可以说是近三十多年来中国酒吧市场发展兴旺的重要市场推动力。除了这种未脱邯郸学步影子的高档酒吧外，夜总会、迪斯科、卡拉 OK 等以吸引趋潮青年为主要目标的各类具有娱乐色彩与功能的酒吧也同时大量存在。电视、游戏机、歌台、球台等参与性娱乐设施是此类酒吧的选择。

人们似乎习惯性地以为"酒吧"是纯粹的舶来品，其实"酒吧"的功能在中国是久已有之的，中国人家喻户晓的唐诗名句"借问酒家何处有，牧童遥指杏花村"即是中华风格酒吧的生动写照。何以将这种乡间"杏花村"酒店称为中华历史上的酒吧呢？根据就在于对其功能与格局的审视。首先，这种望帘高张的小酒店位于来往行人旋聚旋散的城郊亭驿、聚落小镇或码头路畔，主营的就是酒，简易小屋一二爿或三两间，桌凳陈设朴素简陋，来客坐饮即去，虽有酒肴亦极俭朴，并不以果腹之食为

明代传奇剧本《重校五伦香囊记·酒肆遇仙》

主。这种酒店兼有纾解酒渴、稍息休闲、信息交通的功能。事实上，这种"杏花村"式的小酒店与城镇中星罗棋布的各式酒店结构功能本无二致，可能较城镇中的酒店更趋简陋一些罢了。李白《金陵酒肆留别》诗作："风吹柳花满店香，吴姬压酒劝客尝。金陵子弟来相送，欲行不行各尽觞。请君试问东流水，别意与之谁短长？"诗中的"金陵酒肆"可以理解为酒吧集中区，也可以释读为某一饮酒之吧。正是它们的存在，才使得各色人等的需求得以满足，才养蕴了厚重的中华民族酒习俗，并最终形成了灿烂多彩的中华酒文化。

中华酒令文化

酒令

　　酒令，作为饮酒时的游戏，即酒宴上助酒兴的规则性娱乐技巧，是中国酒文化的一大特色，可以作为一门单独的学问来研究。事实上，它也已经是了。酒令是二人以上群饮场合的强制性游戏规则。作为规则，酒令具有两方面的要求：一是明确的组织与赏罚规则，二是行令的技巧规则。酒令正是因其强制性的规则，而又被称为"觞政"、"酒章"、"酒律"等，谓其有政令、法律、章程的威严。酒令产生的历史也很久远，而且种类繁多，难以一一尽举。《红楼梦》第四十回"史太君两宴大观园，金鸳鸯三宣牙牌令"细腻生动地描绘了大观园中的一场行令酒宴，颇耐欣赏。大家推鸳鸯为令官，鸳鸯领命笑道："酒令大如军令，不论尊卑，惟我是主。违了我的话，是要受罚的。"且领教曹雪芹笔下的这场酒宴趣味吧：

　　　　大家坐定，贾母先笑道："咱们先吃两杯，今日也行一令才有意思。"薛姨妈等笑道："老太太自然有好酒令，我们如何会呢，安心要我们醉了。我们都多吃两杯就有了。"贾母笑道："姨太太今儿也过谦起来，想是厌我老了。"薛姨妈笑道："不是谦，只怕行不上来倒是笑话了。"王夫人忙笑道："便说不上来，就便多吃了一杯酒，醉了睡觉去，还有谁笑话咱们不成。"薛姨妈点头笑道："依令。老太太到底吃一杯令酒才是。"贾母笑道："这个自然。"说着便吃了一杯。

凤姐儿忙走至当地，笑道："既行令，还叫鸳鸯姐姐来行更好。"众人都知贾母所行之令必得鸳鸯提着，故听了这话，都说"很是"。凤姐儿便拉了鸳鸯过来。王夫人笑道："既在令内，没有站着的理。"回头命小丫头子："端一张椅子，放在你二位奶奶的席上。"鸳鸯也半推半就，谢了坐，便坐下，也吃了一钟酒，笑道："酒令大如军令，不论尊卑，惟我是主。违了我的话，是要受罚的。"王夫人等都笑道："一定如此，快些说。"鸳鸯未开口，刘姥姥便下席，摆手道："别这样捉弄人，我家去了。"众人都笑道："这却使不得。"鸳鸯喝令小丫头子们："拉上席去！"小丫头子们也笑着，果然拉入席中。刘姥姥只叫"饶了我罢！"鸳鸯道："再多言的罚一壶。"刘姥姥方住了声。

鸳鸯道："如今我说骨牌副儿，从老太太起，顺领说下去，至刘姥姥止。比如我说一副儿，将这三张牌拆开，先说头一张，次说第二张，再说第三张，说完了，合成这一副儿的名字，无论诗词歌赋，成语俗话，比上一句，都要叶韵。错了的罚一杯。"众人笑道："这个令好，就说出来。"

鸳鸯道："有了一副了。左边是张'天'。"贾母道："头上有青天。"众人道好。鸳鸯道："当中是个'五与六'。"贾母道："六桥梅花香彻骨。"鸳鸯道："剩得一张'六与幺'。"贾母道："一轮红日出云霄。"鸳鸯道："凑成便是个'蓬头鬼'。"贾母道："这鬼抱住钟馗腿。"说完，大家笑着说："极妙。"贾母饮了一杯。鸳鸯又道："有了一副。左边是个'大长五'。"薛姨妈道："梅花朵朵风前舞。"鸳鸯道："右边还是个'大五长'。"薛姨妈道："十月梅花岭上香。"鸳鸯道："当中'二五'是杂七。"薛姨妈道："织女牛郎会七夕。"鸳鸯道："凑成'二郎游五岳'。"薛姨妈道："世人不及神仙乐。"说完，大家称赏，饮了酒。

鸳鸯又道："有了一副了。左边'长幺'两点明。"湘云道："双悬日月照乾坤。"鸳鸯道："右边'长幺'两点明。"湘云道："闲花落地听无声。"鸳鸯道："中间还得'幺四'来。"湘云道："日边红杏倚云栽。"鸳鸯道："凑成'樱桃九熟'。"湘云道："御园却被鸟衔出。"说完饮了一杯。

鸳鸯道："有了一副。左边是'长三'。"宝钗道："双双燕子语梁间。"鸳鸯道："右边是'三长'。"宝钗道："水荇牵风翠带长。"鸳鸯道："当中'三六'九点在。"宝钗道："三山半落青天外。"鸳鸯道："凑成'铁锁练孤舟'。"宝钗道："处处风波处处愁。"说完饮毕。

鸳鸯又道："左边一个'天'。"黛玉道："良辰美景奈何天。"宝钗听了，回头看着他，黛玉只顾怕罚，也不理论。鸳鸯道："中间'锦屏'颜色俏。"黛玉道："纱窗也没有红娘报。"鸳鸯道："剩了'二六'八点齐。"黛玉道："双瞻玉座引朝仪。"鸳鸯道："凑成'篮子'好采花。"黛玉道："仙杖香挑芍药花。"说完，饮了一口。

鸳鸯道："左边'四五'成花九。"迎春道："桃花带雨浓。"众人道："该罚！错了韵，而且又不像。"迎春笑着饮了一口。原是凤姐儿和鸳鸯都要听刘姥姥的笑话，故意都令说错，都罚了。至王夫人，鸳鸯代说了个，下便该刘姥姥。刘姥姥道："我们庄家人闲了，也常会几个人弄这个，但不如说的这么好听。少不得我也试一试。"众人都笑道："容易说的。你只管说，不相干。"鸳鸯笑道："左边'四四'是个人。"刘姥姥听了，想了半日，说道："是个庄家人罢。"众人哄堂笑了。贾母笑道："说的好，就是这样说。"刘姥姥也笑道："我们庄家人，不过是现成的本色，众位别笑。"鸳鸯道："中间'三四'绿配红。"刘姥姥道："大火烧了毛毛虫。"众人笑道："这是有的，还说你的本色。"鸳鸯道："右边'幺四'真好看。"刘姥姥道："一个萝蔔一头蒜。"众人又笑了。鸳鸯笑道："凑成便是一枝花。"刘姥姥两只手比着，说道："花儿落了结个大倭瓜。"众人大笑起来。

那么"酒令大如军令"是怎么来的呢？典出何在？汉高祖刘邦去世后，遗孀吕后封诸吕为王，擅权用事，引起刘姓猜疑。刘邦的孙子朱虚侯刘章即是愤愤不平者之一。吕后本来也很喜欢这个庶出的孙子，还把自己的侄孙女儿，即赵王吕禄的女儿嫁给了刘章。"酒令大如军令"的典故即由刘章而来，据《史记》记载："高后立诸吕为三王，擅权用事。朱虚侯年二十，有气力，忿刘氏不得职。尝入侍高后燕饮，高后令朱虚侯刘章为酒吏。章自请曰：'臣将种也，请得以军法行酒。'高后曰：'可。'酒酣，章进饮歌舞，已而曰：'请为太后言耕田歌。'高后儿子畜之，笑曰：'顾而父知田耳？若生而为王子，安知田乎？'章曰：'臣知之。'太后曰：'试为我言田。'章曰：'深耕穊种，立苗欲疏；非其种者，锄而去之。'吕后默然。顷之，诸吕有一人醉，亡酒，章追，拔剑斩之，而还报曰：'有亡酒一人，臣谨行法斩之。'太后左右皆大惊。业已许其军法，无以罪也。因罢。"（《史记·齐悼惠王世家》）还好，第二年吕后就驾崩了，刘氏皇族集团重新牢牢掌控了中央政权。而从此之后，宴阵上的酒令从严就有例可援，尽管未必真的三尺在手、寒光逼人，但严苛不贷却是一贯流风。酒桌上，这种严格地执掌斟酒、行罚的做法，谓之"苛政"。自唐以来，酒令颇盛行于上流社会及士大夫之中。但现在似乎只有"猜拳"一类俗令还在一般市民中间或行，其他均因传统酒文化土壤的更移和传统酒人的凋零而渐至湮没了。

据《梁书》记载："湘东王时为京尹，与朝士宴集，属规为酒令。规从容对曰：'自江左以来，未有兹举。'"此处"酒令"，实为监行酒令的"令官"。后汉贾逵曾撰写有《酒令》一书，现已失传。唐代是诗酒文化的时代，是文士骚客自由抒发意志和挥洒才志的时代，故在唐代，酒人的文化生活也极丰富多彩。唐人的酒令专著便随之空前丰富，如王绩《酒经》《酒谱》，王玭《甘露经》《酒谱》，崔端己《庭萱谱》，刘炫《酒孝经》、《贞元饮略》，窦子野《酒谱》、《酒录》，胡节还《醉乡小略》，皇甫松《醉乡日月》、《条刺饮事》，李合《骰子彩选格》等。其后千余年，清光绪间文人俞敦培有四卷本《酒令丛钞》成书，该书搜征古今酒令较全，全书按"古令"、"雅令"、"通令"、"筹令"集有近三百三十条。

酒监

　　古代宴饮不以品肴为主，因为当时餐桌上的菜肴还远不如中世炒法大行以后的品种繁复。那时的菜品为"佐酒之肴"，菜是"下酒菜"，"酒宴"是以"酒"为主的。因此，关于酒的规矩就多而严格，故有"酒阵"之说。"酒令如军令"，酒阵也就有了几分军阵的威严。于是专司行酒令的饮酒游戏裁判——"酒监"就产生了。酒监亦习称"酒令官"，其职责是掌管酒令筹具使用、行令秩序，并对行令失误、言语失序、弄虚作假、拒酒逃席等各种违反酒场规则的人依据酒律进行罚酒处理，从而达到宾主尽欢的目的。周初，周公鉴于殷商肆酒亡国的教训，曾颁示《酒诰》，祭祀宴饮等饮酒之礼是十分严格的。然而到了西周末年，周幽王荒湎于酒，以致酒监废职，反成酗酒的鼓动者。《诗经·小雅·莆田之什·宾之初筵》记载："凡此饮酒，或醉或否。既立之监，或佐之史。彼醉不臧，不醉反耻。式勿从谓，无俾大怠。匪言勿言，匪由勿语。由醉之言，俾出童羖。三爵不识，矧敢多又。"意思是说，与宴者很多人已经醉得东倒西歪，酒监和史官却仍然让那些还未彻底醉倒的人继续喝；酗酒本来是不光彩的事，现在却竞相喝得一塌糊涂；本来不应怂恿劝酒，却弄得大家出乖露丑；也不遵守谈话的礼节，纷纷胡说乱道；都在吵吵嚷嚷，像小公羊一

唐寅摹《韩熙载夜宴图》

样活蹦乱跳地无理取闹；宴会规矩全无，只是一味地醉倒。从历史事理逻辑上理解，鉴于酒的神奇和酒事的神秘、以酒献祭的神圣，公宴饮酒场合的酒监制度应当是很早以前就事实上存在的，也就是说，作为一种神圣严格的约定俗成之礼，早在成文法之前就应当存在很久了。酒监一职，战国时代又称"觞政"，汉代则称"酒吏"，南朝称"酒令"，入唐以后，因士子文人族群的空前庞大和文人酒风大盛，世俗酒宴极度发展，酒阵上的酒监职能者的称谓更是自由宽泛了。

　　文人的活跃和世风的开放，使得伎女侑酒成为唐代盛行的社会风气，唐人聚饮时，多以伎女行酒令，称为"酒纠"或"席纠"。尔后，历代酒监之别称更多，如觥录事、摄觥使、瓯宰、律录事、司过之吏等，不一而足，反映出社会酒事的兴旺繁复和文化酒人的自由活跃。担任酒监或令官的，必须是一定资质的酒人："夫律录事者，须有饮材，材有三，谓善令、知音、大户也。"（皇甫松《醉乡日月》）亦即其人应精通酒律、学问渊博、妙趣解意、酒量大。

酒令类别

　　《酒令丛钞》将酒令分为古令、雅令、通令、筹令四大类。

古令

　　如"药名"条记梁简文帝"药名诗"句："烛映'合欢'被，帷飘'苏合'香"。又如"颠倒令"条记录苏东坡在翰林时与同官宴，东坡倡令"上以二字颠倒，下以诗一句押韵发其意"，即云："闲似忙，蝴蝶纷纷过短墙；忙似闲，白鹭饥时立小滩。"一客云："来似去，潮翻巨浪还西注；去似来，跃马翻身射箭回。"又一客云："动似静，万顷碧潭澄宝镜；静似动，长桥影逐酒旗送。"又一客云："难似易，百尺竿头呈巧艺；易似难，执手临歧话别间。"又一客云："悲似乐，送葬之家喧鼓乐；乐似悲，嫁女之家日日啼。"又一客云："有似无，仙子乘风游太虚；无似有，掬水分明

唐代酒令筹

江苏丹徒出土唐代鎏金银质"论语玉烛"龟负酒筹铜及银
酒令具（镇江博物馆藏）

月在手。"又一客云："贫似富，梢木满船金玉渡；富似贫，石崇穿得敝衣行。"又一客云："重似轻，万斛云帆一霎经；轻似重，柳絮纷纷铺画栋。"

雅令

雅令通过吟诗联句来决胜负。如"诗切官名"条云："百千万里尽传名"——同知；"红袖添香夜读书"——侍郎。"诗分真假"条云："门泊东吴万里船"——真船；"花开十丈藕如船"——假船；"葡萄美酒夜光杯"——真酒；"寒夜客来茶当酒"——假酒。"词牌合字令"条云："木兰花、卜算子、早梅芳"——棹；"月下笛、西地锦、女冠子"——腰；"金缕曲、小秦王、月中行"——销。"鸟名贯串"条云："鸬鹚捻线，十姊妹买去绣鸳鸯"；"啄木为舟杜宇撑来装布谷"；"画眉年少告天不嫁白头翁"。

通令

通令通过划拳、猜枚、压指、传花等方式劝饮。如"数钱令"条云："取钱十余枚，矗立盘中，随手揭一枚视宝字所向者饮。""花名暗令"条云："令官宣令曰：'二月桃花放，九月菊花开；一般根在土，各自等时来。'坐客各报花名，须知有时辰者方免饮。如李花是子时，柳花是卯时之类，不合格者皆饮。此为暗令，行过一次人即知之，近于欺人。凡此类者甚多。""规矩令"条云："左手画圆，右手画方，一时并举。左邻监视左手，右邻监视右手，误即举发饮酒。扶同者坐。"骰令亦应视为通令的一种，通过掷子、看猜点数来赌酒。

筹令

筹令通过掣签循辞以定赏罚，有"觥筹交错令"和"唐诗酒筹令"等。

以上按古令、雅令、通令、筹令四类选例说明，只能管中窥豹。且《酒令丛钞》一书也只是述其大概的辑录，远不是包罗无遗的。同时，酒令

青铜方罍

也有极大的随意性，即席命题，因酒党、酒客而异。

酒令官须善令知音，既熟悉令规又敏思捷辩、通晓音律，同时还要公正严明。据汉刘向《说苑》所载，魏国之君魏文侯同大夫们饮酒，公乘不仁被推荐监掌酒令，议定："饮不釂者，浮以大白。"结果国君没有干完杯中的酒，公乘不仁毫不迟疑举白浮君，这位国君只好按律受罚。《醉乡日月》说："觥录事……以刚毅木讷之士为之。"刚毅木讷，就是要铁面无私、不近人情，严苛执掌斟酒、行罚，推行毫不容情的"苛政"。而为了达到酒场欢畅，令官仅仅是严格行罚还不行。量大、善调也是必备的条件。"录事之令也，必令其词异于席人，所谓巧宣也。"令官必须是擅口才者，此"口才"绝非时下腹无点墨、乖丑现眼的所谓"名嘴"所能类比。好令官当应声妙语，悬瀑珠玑，词款而不佞，善谑而不污虐，语便便而不乱，众人乐从。明清之际余怀著《板桥杂记》，专记明末南京十里秦淮南岸长板桥一带的旧院故事，上记载有一个令官王小大，为人滑稽便捷，善于周旋，不管谁劝酒，他都欣然接受，因此凡酒友相会，都喜欢请他做酒纠。当然，临宴把盏者酒量因人而异，凡受酒而不能者，亦可转请能者代劳，如清方绚《采莲船》说："凡有量浅不胜杯杓者，临时准告求大户替代。"

酒令，为的是聚宴酒桌上的劝酒，酒令决出胜负的结果自然是负者罚酒。古人席上有饮不釂（尽）者，就要用名为"白"的罚爵——专盛罚酒的杯子，喝罚酒就叫"浮白"、"举白"。罚酒通常以"三"为数，因此才有"客来迟，罚三钟"、"迟到三杯"的俗语。西汉名臣韩安国作《几赋》不成，由邹阳代作，本人则认罚酒三升（《西京杂记》）。其后，石崇于金谷园屡举燕游，与宴才俊皆抖擞精神赋诗叙怀，不成者例行罚酒三斗，"金谷酒数"竟成酒阵行令术语。王羲之兰亭之会，也有赋诗不成，罚酒三觞的规矩。这种文人酒阵的雅事一直盛行至明末，清以后才渐至衰微。原因是来自草原的满族人整体上尚武轻文，入主中原后其文化政策亦在于防范汉化，且始终严禁汉人结社聚会，文网甚密，于是传统的酒人文化只能逐渐式微，直至泯灭。

觞政

明代文学家袁宏道,在文学上提出"独抒性灵,不拘格套"的性灵说,与其兄袁宗道、弟袁中道并有才名,史称"公安三袁"。他的《觞政》一文,将中华酒宴文化、酒令仪范讲得可谓玲珑剔透、网尽余言。他为此声明:"余饮不能一蕉叶,每闻垆声,辄踊跃。遇酒客与留连,饮不竟夜不休。非久相狎者,不知余之无酒肠也。社中近饶饮徒,而觞容不习,大觉卤莽。夫提衡糟丘,而酒宪不修,是亦令长之责也。今采古科之简正者,附以新条,名曰《觞政》。凡为饮客者,各收一帙,亦醉乡之甲令也。""社中近饶饮徒",表明明代宴阵绵延之习与文人酒风之盛。"采古科之简正"并"附以新条",说明袁氏之作乃历史经验的总结,并根据现实需要有所提高。认识中华历史酒文化与酒场修养,《觞政》不可不读,因录之以下:

一之吏。凡饮以一人为明府,主斟酌之宜。酒懦为旷官,谓冷也;酒猛为苛政,谓热也。以一人为录事,以纠座人,须择有饮材者。材有三,谓善令、知音、大户也。

二之徒。酒徒之选,十有二:款于词而不佞者,柔于气而不靡者,无物为令而不涉重者,令行而四座踊跃飞动者,闻令即解不再问者,善雅谑者,持屈爵不分愬者,当杯不议酒者,飞罸腾觚而仪不怨者,宁酣沉而不倾波者,分题能赋者,不胜杯杓而长夜兴勃勃者。

三之容。饮喜宜节,饮劳宜静,饮倦宜诙,饮礼法宜潇洒,饮乱宜绳约,饮新知宜闲雅真率,饮杂揉客宜逡巡却退。

四之宜。凡醉有所宜。醉花宜昼,袭其光也。醉雪宜夜,消其洁也。醉得意宜唱,导其和也。醉将离宜击钵,壮其神也。醉文人宜谨节奏章程,畏其侮也。醉俊人宜加觥盂旗帜,助其烈也。醉楼宜署,资其清也。醉水宜秋,泛其爽也。一云:醉月宜楼,醉署宜舟,醉山宜幽,醉佳人宜微酡,醉文人宜妙令无苛酌,醉豪客宜挥觥发浩歌,醉知音宜吴儿清喉檀板。

亚弓觚

商周十供青铜礼器之一，商代晚期（约公元前13~公元前11世纪）饮酒器，高32厘米，口径21厘米。

此觚长筒状身，大喇叭口，斜坡状高圈足。腹部和圈足以两道凸弦纹相隔，上均有扉棱，皆饰兽面纹，寿面作乳丁状。圈足上有两个狮子镂孔。内有铭文"亚尊"2字，因此该器又叫"亚尊觚"。青铜觚始见于早商，在墓葬中往往与青铜爵同出。青铜觚主要盛行于商代，西周早期逐渐衰落，至西周中期后已不再使用。

五之遇。饮有五合，有十乖。凉风好月，快雨时雪，一合也；花开酿熟，二合也；偶而欲饮，三合也；小饮成狂，四合也；初郁后畅，谈机乍利，五合也。日炙风燥，一乖也；神情索莫，二乖也；特地排当，饮户不称，三乖也；宾主牵率，四乖也；草草应付，如恐不竟，五乖也；强颜为欢，六乖也；革履板折，谀言往复，七乖也；刻期登临，浓阴恶雨，八乖也；饮场远缓，迫暮思归，九乖也；客佳而有他期，妓欢而有别促，酒醇而易，炙美而冷，十乖也。

六之候。欢之候，十有三：得其时，一也；宾主久间，二也；酒醇而主严，三也；非觥罍不讴，四也；不能令有耻，五也；方饮不重膳，六也；不动筵，七也；录事貌毅而法峻，八也；明府不受请谒，九也；废卖律，十也；废替律，十一也；不恃酒，十二也；歌儿酒奴解人意，十三也。不欢之候，十有六：主人吝，一也；宾轻主，二也；铺陈杂而不序，三也；室暗灯晕，四也，乐涩而妓娇，五也；议朝除家政，六也；迭谑，七也；兴居纷纭，八也；附耳嗫嚅，九也；蔑章程，十也；醉唠嘈，十一也；坐驰，十二也；平头盗瓮及偃蹇，十三也；客子奴嚣不法，十四也；夜深逃席，十五也；狂花病叶，十六也（饮流以目睚者为狂花，目斜者为病叶）。其他欢场害马，例当叱出。害马者，语言下俚面貌粗浮之类。

七之战。户饮者角觥咒，气饮者角六博局戏，趣饮者角谈锋，才饮者角诗赋乐府，神饮者角尽累，是曰酒战。经云："百战百胜，不如不战。"无累之谓也。

八之祭。凡饮必祭所始，礼也。今祀宣父曰酒圣，夫无量不及乱，觞之祖也，是为饮宗。四配曰阮嗣宗、陶彭泽、王无功、邵尧夫。十

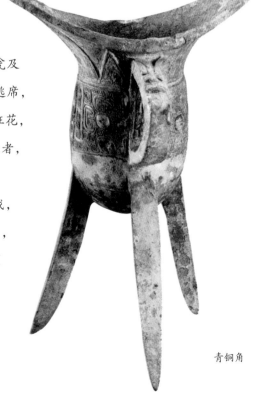

青铜角

哲曰郑文渊、徐景山、嵇叔夜、刘伯伦、向子期、阮仲容、谢幼舆、孟万年、周伯仁、阮宣子。而山巨源、胡毋辅国、毕蔑世、张季鹰、何次道、李元忠、贺知章、李太白以下，祀两庑。至若仪狄、杜康、刘白堕、焦革辈，皆以酝法得名，无关饮徒，姑祠之门垣，以旌酿客，亦犹校宫之有土主，梵宇之有伽蓝也。

九之典刑。曹参、蒋琬、饮国者也；陆贾、陆遵，饮达者也；张师亮、寇平仲，饮豪者也；王远达、何录裕，饮俊者也；蔡中郎饮而文，郑康成饮而儒，淳于髡饮而俳，广野君饮而辩，孔北海饮而肆，醉颠、法常，禅饮者也。孔元、张志和，仙饮者也；杨子云、管公明，玄饮者也。白香山之饮适，苏子美之饮愤，陈暄之饮骏，颜光禄之饮矜，荆卿、灌夫之饮怒，信陵、东阿之饮悲。诸公皆非饮派，直以兴寄所托，一往标誉，触类广之，皆欢场之宗工，饮家之绳尺也。

十之掌故。凡六经《语》、《孟》所言饮式，皆酒经也。其下则汝阳王《甘露经》、《酒谱》，王绩《酒经》，刘炫《酒孝经》、《贞元饮略》，窦子野《酒谱》，朱翼中《酒经》，李保《续北山酒经》，胡氏《醉乡小略》，皇甫崧《醉乡日月》，侯白《酒律》，诸饮流所著记、传、赋、诵等为内典。《蒙庄》、《离骚》、《史》、《汉》、《南北史》、《古今逸史》、《世说》、《颜氏家训》，陶靖节、李杜、白香山、苏玉局、陆放翁诸集为外典。诗余则柳舍人、辛稼轩等，乐府则董解元、王实甫、马东篱、高则诚等，传奇则《水浒传》、《金瓶梅》等为逸典。不熟此典者，保面瓮肠，非饮徒也。

十一之刑书。色骄者墨，色媚者剕，伺颐气者宫，语含机颖者械，沉思如负者鬼薪，梗令者决递，狂率出头者搿婴，愆仪者共艾毕。欢未阑乞去者菲对履。骂坐三等：青城旦；舂；放沙门岛。浮托酒狂以虐使为高，又驱其党效尤者大辟。

十二之品第。凡酒以色清味冽为圣，色如金而醇苦为贤，色黑味酸醨者为愚。以糯酿醉人者为君子，以腊酿醉者为中人，以巷醪

蟠螭纹犀角杯

牙刻，南宋，四川省博物馆藏。

此杯形为上敞下收，足细。杯壁上雕刻数只浮雕虎
形。整个器物发出莹润的铁锈红色，让人感觉如此高贵精
细的工艺品，一定娇美脆弱。

烧酒醉人者为小人。

十三之杯杓。古玉及古窑器上，犀、玛瑙次，近代上好瓷又次。黄白金巨罗下，螺形锐底数曲者最下。

十四之饮储。下酒物色，谓之饮储。一清品，如鲜蛤、糟蚶、酒蟹之类。二异品，如熊白、西施乳之类。三腻品，如羔羊、子鹅炙之类。四果品，如松子、杏仁之类。五蔬品，如鲜笋、早韭之类。

以上二款，聊具色目。下邑贫士，安从办此。政使瓦贫蔬具，亦何损其高致也。

十五之饮饰。棐几明窗，时花嘉木，冬幕夏荫，绣裙藤席。

十六之欢具。楸枰、高低壶、觥筹、骰子、大鼎、昆山纸牌、羯鼓、冶童、女侍史、鹧鸪沈、茶具（以俟渴者）、吴笺、宋砚，佳墨（以俟诗赋者）。

应当说，《觞政》一文既反映了中华历史酒文化的最高水准与传统文化酒人的一般情态，同时也是当代酒桌文化的有益参照。如文中的"酒徒之选"十二款对今日饮酒者应有修养的启示；三之容、四之宜、五之遇中诸款均不过时；"欢之候"的"得其时"、"宾主久间"、"酒醇而主严"等款仍很恰切；"七之战"中的"趣饮者角谈锋"、"才饮者角诗赋乐府"、"神饮者角尽累"亦颇有教益。至于"祭"与"典刑"两节对历代酒人与酿酒者的品第、贡献的评判得当与否姑且不论，但作为中华酒文化的必备知识还是储之不赘的。

陕西出土唐代镶金玛瑙杯

文酌武饮与酒人品藻

酒具有消减紧张情绪、舒缓恐惧心理的作用，能慰藉、麻痹、陶醉饥渴的心灵。而酒刺激情绪、激励勇气的催化作用，对于战前鼓舞士气又具有独特的功效。

文人与酒

酒与文思

文人与酒有缘，"连浮大白"和"文思泉涌"是文人饮
酒的标志与境界。"李白一斗诗百篇"，是历史上文人酒缘
的最好写照，"酒涌才思"也是世人皆知的习惯说法。与
军人武士的"醉卧沙场君莫笑"不同，因为那抒发的是"古
来征战几人回"的慷慨悲壮与凄苦无奈，文人是要酒后继续
潇洒风流的，醉卧沉酣、不省人事岂不大煞风景？还是李白
说得好，且看他的《月下独酌》四首之二：

> 天若不爱酒，酒星不在天；地若不爱酒，地应无酒泉。
> 天地既爱酒，爱酒不愧天；已闻清比圣，复道浊如贤。贤
> 圣既已饮，何必求神仙。三杯通大道，一斗合自然。但得醉
> 中趣，勿为醒者传。

"三杯通大道，一斗合自然"，应当是量的把握，而"但得醉中趣"
则是状态的拿捏。于是，"微醺"就成了文人饮酒的境界标尺。要能饮有量，
有"大户"之名，又要在醉意朦胧中保持清醒，这个分寸显然不好把握。
高卢有句名言："谁喝好酒，上帝都在看着。"这与李白的"天地都爱酒"
说法是一致的。尚饮的法国竟有多达 37 个酒的庇护圣人，中华历史上有
多少呢？如果把见诸文献的历代"酒圣"、"酒仙"、"酒贤"、"酒颠"之
类的名人大致胪列一下的话，又何止是法国的十倍、百倍！而酒人中绝

沈周 《盆菊幽赏图》
中的文人聚饮

大多数又都是文士骚客。

现代作家刘宾雁的《酒与愁》有助于我们对中华酒文化的思考：

我的父亲和母亲都能饮烈性酒。但是我真正开始饮酒，却是在20岁上日本人投降那一年。吸烟也是从那一年开始的。

为什么不早不晚，偏偏在20岁上呢？那时我在天津一家中学任教（虚报年龄是26岁），收入甚丰（请不要认为我厚古薄今），工作也很顺当，两三名共产党员不出半年就打开了那个天津学校中的保守堡垒——贵族学校超华中学。细想起来，我在这一年开始饮酒只有一个原因：我的一个苦闷，我个人生活中的一个缺憾，这时在我心中骚动起来：我需要一个异性伴侣，而我的身份又不允许我去谈恋爱。

所谓"借酒浇愁"，至少在我，浇的就是这个"人生第一愁"。它是人生一切愁中出现最早的一个，而且多半会伴随人的一生，除非不是男人。我观察一些朋友，也是在这个年龄上饮起酒来的。故此我便想到：中国的烈性酒何以烈冠全球？甚至比以嗜酒著称于世的俄国人的烈酒"伏特加"还高出25度？就因为中国人自古以来由于精神上受到种种压抑的结果,也是"愁冠全球"的。"非礼勿视,非礼勿闻",甚至非礼勿想,哪个民族受到过意识形态上这样全面的管制呢?"礼冠全球"。而中国人身上那些自发的、与生命共终始的东西,又和外国人一样"非礼"得很,怎么办呢?压!于是愁便出来了。然而酒的功能自然不能归结为这一需要。所以我必须声明:很多"酒仙"之爱酒、嗜酒,并不一定都是为了浇愁。

我还想替酒做一点申辩。所谓"酒后无德",常被理解为醉酒能导致性欲冲动以致犯罪。记得少年时读过叶灵风的一个短篇,就是写一个人酒醉之后奸污了自己的外甥女的。我也曾长时怪罪过酒,酒(烟亦如此)的作用恰好相反,是破坏人的性机能的。

然而酒却对人的精神起一种奇特的作用,使人超脱现实,飘飘欲仙。我饮酒 40 余年,除少数例外,在饮酒过程中并觉不出它如何醇美,而是意欲达到微醉后的那种境界,醺醺然半离人境,自我和世界都脱去了凡尘,显出其可爱的本色;想象力这时也甩脱了理念的束缚,自由驰骋起来。这时人人都带些诗意。

这时,人自然也会脱离理性、礼教或利害得失之虑的羁绊,而做出不容于道德或法律规范之举。不过究其真正的根源,恐怕也难归罪于酒。这大约也是我们这个文明之邦从未有禁酒之令的一个原因。中国有很悠久的酒史,然而纵酒、酗酒者却并不多见。一个美国人若听到中国人可以随意打发一个孩子去打酒,数量不限,一定会惊奇不解。他们那里一个小城市只准一家商店销售高于啤酒度数的一切酒类,还只准售与十八岁以上的人。因酗酒而肇事的现象却未因此而稍减。这一点,我们确是比较文明,可以自豪。

是中国人的克己自制的能力高于其他民族呢?还是中国人祖祖辈辈习惯于接受外界的控制以致相沿成性呢?这同酒文化似乎无关,可不谈。

然而酒在中国可以成为一种排泄愁闷悲苦的手段,使人们不能向社会公开表达的那些内心矛盾在酒杯中稍有消解,从而使之不致酿成社会冲突，却是一个事实。酒的这种功德是不应低估的，也许这也是中国从不禁酒的一个原因？

中国的文人中，嗜酒者比我的预想要少得多。不知这是不是我仍缺少慷慨高歌之士的一个原因？不过我又怀疑，酒是否也是促使我们的作家和诗人过早衰老的因素？借酒浇愁，久而久之是否也会浇熄了内心的青春之火和与它相伴而生的创造能力呢？

刘宾雁先生的文题是"酒与愁"，其人生最早与酒接触是春愁，是"借酒浇愁"。但他知道中国古代许多酒人之爱酒、嗜酒，并不一定都是为了浇愁。他对当代中国文人整体缺少慷慨精神的设问，对借酒浇愁久而久之是否会浇熄内心的青春之火和与之伴生的创造能力的疑虑，我们都可以暂厝一边勿论。倒是其"意欲达到微醉后的那种境界，醺醺然半离人境，自我和世界都脱去了凡尘，显出其可爱的本色；想象力这时也甩脱了理念的束缚，自由驰骋起来。这时人人都带些诗意"的说法正道出了文人与酒的情缘关键。

适度醉酒，常常使人进入到一种情绪和思维高度活跃的下意识心理状态——即"微醺"。处于"醉里不知谁是我"的忘"我"状态——如同四周了无他人的夏夜裸睡和温汤浸泡，一种近乎失重的无拘无束、无持无凭的松弛感觉中。已经习惯了的规制和既定的思维模式此刻都暂时舒缓，酒至微醺恰是艺术创作的最好导入路径，童心、激动、灵感，不期而至，进入了艺术创作所需的最佳心理状态。苏东坡的"书初无意于佳乃佳尔"正是对其不受任何拘

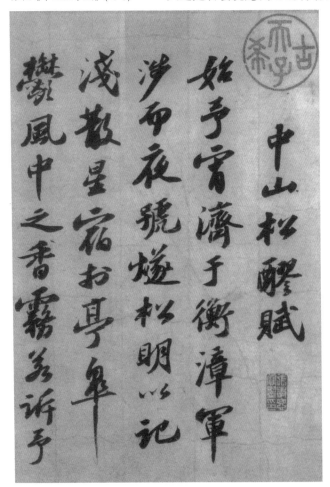

苏轼《中山松醪赋》(局部)

法、毫无顾忌的书法意境的感悟。对于苏轼的书法体悟，恰可从黄庭坚论字中得到绝好诠释："至酒酣放浪，意忘工拙，字特瘦劲似柳诚悬。"清代文艺理论家、语言学家刘熙载曾说："文所不能言之意，诗或能言之。大抵文善醒，诗善醉，醉中语亦有醒时道不到者。盖其天机之发，不可思议也。"（《诗概》）文学艺术创造需要的是无拘无束的自由与想象，而任何既定的文化系统与思维模式都是约束。于是思考者大多风流倜傥，风流倜傥不足则脱略形骸，脱略形骸不足则惊世骇俗，纵观中华思想史、文学史、艺术史，可

青铜镭

盛酒器，春秋（公元前770~公元前476年），高53.4厘米，口径25.1厘米，底径20.5厘米。1925年山东沂水出土，山东省博物馆藏。

此镭短直颈，折肩，器身最大径在肩腹交界处。双半环耳衔环立于肩腹交接处，小平底。器上有伞状盖，盖顶作圈足状捉手，上面立有一鸟。周身饰瓦纹。

以说这是一种普泛现象，亦是人类文化与文明史的一般规律。如此，中华文字史上记录的那些在今天看来匪夷所思的文人怪诞，也就可以理解了。如，圣人孔子之后孔融身为九列，不遵朝仪，秃巾微行，唐突宫掖，又与白衣祢衡跌荡放言云"父之于子，当有何亲？论其本意，实为情欲发耳。子之于母，亦复奚为？譬如寄物缶中，出则离矣"。他与祢衡把酒言欢，更相赞扬，祢衡称赞孔融为"仲尼不死"，孔融则回敬祢衡是"颜回复生"。结果，被早已耿耿于怀的曹操以"大逆不道"罪名给了个不留噍类的灭族处分。祢衡也很惨，他以裸体击鼓羞辱曹操，导致曹操假他人之手将其报复致死。历数中华历史上的酒人，大多有不拘礼节的狂怪行为，其时也恰恰是异见高论、才华灿现之际。

酣适有道

中华历史上的酒人并非都是大户豪饮的酒徒，更多的是率性适意、微醺则止的临界自由派。苏东坡尝自谓平生"著棋、吃酒、唱曲"皆不

如人。无量而喜饮，恰是雅趣酒人。"吾兄子明饮酒不过三蕉叶，吾少时望见酒盏而醉，今亦能三蕉叶矣。"东坡先生十分豁达，尽管才学足凌世人而官场总不如意，甚至危及杀身，恶惩远谪，依然能坦然淡定，其人生态度与境界诚足感人："治生不求富，读书不求官。譬如饮不醉，陶然有余欢。君看庞德公，白首终泥蟠。岂无子孙念，顾独遗以安。鹿门上冢回，床下拜龙鸾。躬耕竟不起，耆旧节独完。念汝少多难，冰雪落绮纨。五子如一人，奉养真色难。烹鸡独馈母，自赊苜蓿盘。口腹恐累人，宁我食无肝。西来四千里，敝袍不言寒。秀眉似我兄，亦复心闲宽。忽然舍我去，岁晚留余酸。我岂轩冕人，青云意先阑。汝归葑松菊，环以青琅玕。桤阴三年成，可以挂我冠。清江入城郭，小圃生微澜。相从结茅舍，曝背谈金銮。"（《送千乘千能两侄还乡》）"公退清闲如致仕，酒余欢适似还乡。不妨更有安心病，卧看萦帘一炷香。"（《臂痛谒告作三绝句示四君子》之一）明代中叶著名诗人、显宦李东阳曾以诗劝诫友人勿过饮："梦断高阳旧酒徒，坐惊神语落虚无。若教对饮应差胜，纵使微醺不用扶。往事分明成一笑，远情珍重得双壶。次公亦是醒狂客，幸未粗豪比灌夫。"（《予素不善饮文明诗来有西涯烂醉欲人扶之句且以二樽见惠步韵答之》）"若教对饮应差胜，纵使微醺不用扶"是饮酒之原则，他认为"微醺"已是临界极限，必须把握行走"不用扶"的清醒自持状态。清中叶著名诗人、食圣袁枚谓："余性不近酒，故律酒过严，转能深知酒味。"（《随园食单·茶酒单》）他的随园访客不断，户槛为穿，酒宴招待，宾主尽欢。与袁枚约略同时的郑板桥，是"扬州八怪"之一的丹青高手、文坛奇人，他关于酒的议论足称洒脱解人："酒能乱性，佛家戒之；酒能养性，仙家饮之。我则有酒学仙，无酒学佛。"足踏释、道两界，竟然一体浑脱，了无障碍，"有酒学仙，无酒学佛"，其更深层之意则是自况"杯酒仙佛"，全在酣适有道、率性适意。其实，郑板桥的妙论已在苏轼的《浊醪有妙理赋》中早有表达了：

酒勿嫌浊，人当取醇。失忧心于昨梦，信妙理之疑神。浑盎盎以无声，始从味入；杳冥冥其似道，径得天真。伊人之生，以酒为命。常因既醉之适，方识此心之正。稻米无知，岂解穷理，曲蘖有毒，安能发性。乃知神物之自然，盖与天工而相并。得时行道，我则师齐相之饮醇。远害全身，我则学徐公之中圣。湛若秋露，穆如春风。疑宿云之解驳，漏朝日之暾红。初体粟之失去，旋眼花之扫空。酷爱孟生，知其中之有趣；犹嫌白老，不颂德而言功。兀尔坐忘，浩然天纵。如如不动而体无碍，了了常知而心不用。坐中客满，惟忧百榼之空；身后名轻，但觉一杯之重。今夫明月之珠，不可以襦；夜光之璧，不可以鯆。刍豢饱我而不我觉，布帛燠我而不我娱，惟此君独游万物之表，盖天下不可一日而无。在醉常醒，孰是狂人之药？得意忘味，始知至道之腴。又何必一石亦醉，罔间州同。五斗解酲，不问妻妾；结袜庭中，观廷尉之度量；脱靴殿上，夸谪仙之敏捷。伴醉逊地，常陋王式之褊；鸣歌仰天，每讥杨恽之侠。我欲眠而君且去，有客何嫌？人皆劝而我不闻，其谁敢接！殊不知人之齐圣，匪昏之如，古者晤语，必旅之于。独醒者汩罗之道也，屡舞者高阳之徒欤！恶蒋济而射木人，又何狷浅；杀王敦而取金印，亦自狂疏。故我内全其天，外寓于酒；浊者以饮吾仆，清者以酌吾友。吾方耕于渺莽之野，而汲于清泠之渊，以酿此醪，然后举洼樽而属吾口。

此赋题下有东坡自注曰："神圣功用无捷于酒"。东坡无酒肠，而特嗜酒，故能将酒精神体悟通透，阐释别径，颇能醒人。凡深得酒之三昧，言酒理悦耳省心者，大多为"饮不能一蕉叶者"。盖自省者方可省人，焉能以己之昏昏喻他人之昭昭？故凡贪杯嗜醉、大户痛饮者，鲜有酒中觉悟。"内全其天，外寓于酒"，饮酒旨在驭其"神圣功用"，而非求口舌痛快、肠胃满足、心神麻痹于一时。赋中大量典故一一评点历代酒人，褒贬适当。"酒勿嫌浊，人当取醇"，开宗明义就是戒"玩物丧志"之失，饮酒在人，人为酒主，而非人被酒役。果然"杳冥冥其似道，径得天真"，才是上乘酒人的志趣与能力所在。唯此，必须把握"既醉之适"的状态与"远害全身"的原则，二者既是悠游自我的最高境界，亦是不可跨越雷池一步的底线。这时，物质的酒似乎已经成了舟车，过程既历，目的达到，其"神圣功用"即已完成。"酸酒如齑汤，甜酒如蜜汁，三年黄州城，饮酒但饮湿。"（《岐亭五首》之四）一切可饮之物皆可视之为"酒"，先秦时献祭给鬼神的水不就称之为"玄酒"吗？所以他在给好友钱勰的诗中说："与君几合散，得酒忘醇醨。"（《次韵钱穆父会饮》）"得酒忘醇醨"，既饮酒而忘酒之存在，是何等的境界！对比白居易《卯时酒》的感慨，不难看出苏、白作为酒人的高下："佛法赞醍醐，仙方夸沆瀣。未如卯时酒，神速功力倍。一杯置掌上，三咽入腹内。煦若春贯肠，暄如日炙背。岂独肢体畅，仍加志气大。当时遗形骸，竟日忘冠带。似游华胥国，疑反混元代。一性既完全，万机皆破碎。半醒思往来，往来吁可怪。宠辱忧喜间，惶惶二十载。前年辞紫闼，今岁抛皂盖。去矣鱼返泉，超然蝉离蜕。是非莫分别，行止无疑碍。浩气贮胸中，青云委身外。扪心私自语，自语谁能会。五十年来心，未如今日泰。况兹杯中物，行坐长相对。"（《白氏长庆集》）

雅酌盛事

流觞饮法是文人雅士典型的饮酒方式，而且是最典雅的饮酒方式。限于时令、环境的局限，这种方式历史上并不多见。说到流觞饮法，自然会想到"曲水流觞"的故事，想到"书圣"王羲之，和他那冠绝中华书法史的行草书帖《兰亭集序》（又称《兰亭宴集序》）。晋穆帝永和九年（353年）农历三月三日，王羲之并太原孙绰、陈郡谢安、僧支遁及儿子王献之等42人，于绍兴兰亭举行修禊之会。大家共赋诗37首，由王羲之评点，最后写出这次修禊的总结《兰亭集序》。"禊"是中华上古巫觋的遗风。《周礼·春官》："女巫掌岁时，祓除衅浴。"即于三月上巳日由女巫主导沐浴除灾祈福活动。江南春月，万物竞苏，亦是病菌滋生、

明永乐石刻线画《兰亭修
　禊图》（局部）

流行疾病多发的季节，传统习俗"是月上巳，官民皆洁于东流水上，曰
洗濯祓除，去宿垢，为大洁"（《后汉书·礼仪上》）。此即"祓禊"，"祓"
是举行除灾祈福的仪式。当年，王羲之不过是借兰亭之地、乘上巳之时
与友人遣兴宴会，而名流雅士宴集必有歌咏，于是就有诗的创作；有诗
必录，录而成帙，记其事而为"序"，也是寓有志盛事、传后世的用意。
王羲之作为宴乐活动组织者兼诗文点评人和诗集主编，"序"的落笔成
文也就成了名帖，其实《兰亭宴集序》不过是那次宴集的副产品或曰意
外收获，本来与书法活动无关。正如《兰亭序》文所记，与宴集者，注
重的是"一觞一咏"，要达到诸好友之间的"畅叙幽情"。

明永乐石刻线画《兰亭修
　禊图》（局部）

中华历史上的曲水流觞之饮因王羲之的兰亭宴集盛会而名声大著。曲水流觞所用的觞是一种特制的酒具，称为青瓷羽觞，形椭圆，两侧有状似鸟翼的对称半月形耳以保持觞在流水中的平衡。与宴的42人散坐在曲水的两畔，书童将注酒羽觞放入溪中，让其顺流而下。觞流至人前，即潇洒地持杯在手，依预定题目边呷边吟诗一首，不成则认罚三杯。此即"一觞一咏"之意。其时，有15人各成诗一首，11人各成诗两首，16人诗未及成被罚酒。王献之亦在被罚之列。兰亭宴集后，流觞之饮在风雅士人族群中颇为盛行。凡与饮者，均是出口成章、应声为诗的饱学之士，且大都才思敏捷、潇洒风流。会饮者踞坐，羽觞漂至，朗声成韵，书者即录，随即传呈宪官评点，而并非是时下演绎的模样：每位书家均手持毛笔一支，膝盖上铺纸一张，如应试学童般绞尽脑汁、搜索枯肠之窘态。

文中酒香

"李白一斗诗百篇"（杜甫《饮中八仙歌》），"酒隐凌晨醉，诗狂彻旦歌"（陆游《诗酒》），很难说哪一种物质生活同文化活动有如酒和文学这样亲近紧密了。在中国历史上，酒与文学的紧密关系可以说是中华饮食文化史上一种特有的现象，一座不可企及的文化高峰。它既是文化人充分活跃于政治舞台与文化社会，文化被文化人所垄断的历史结果，也是历史文化在封建制度留有的空间里充分自由发展的结果。

蒸馏酒的饮用在明代才逐渐普及开来，此前人们饮用的基本是米酒和黄酒。而明代以后，乃至几乎整个明清时代，白酒饮用也基本是以下

李公麟《兰亭修禊图》

层社会和北方为主。只是到了近现代，白酒的饮用才有了进一步的扩展。现在行销的黄酒和葡萄酒的酒精浓度一般大约在 12 ～ 16 度之间（加蒸馏酒者不计在内），而历史上的黄酒和果酒（包括葡萄酒）按照中国传统酿制法，酒精含量都比较低。尤其是随用随酿的"事酒"或者平时饮用的"水酒"，酒度更低得多。这种酒适宜低酌慢饮，酒精刺激神经中枢，使兴奋中心缓慢形成，有一种"渐入佳境"的效果。使文人士子、迁客骚人悦乎其色，倾乎其气，甘乎其味，颐乎其韵，陶乎其性，通乎其神，兴乎其情，然后比兴于物、直抒胸臆，如马走平川、水泻断涯、行云飞雨、无遮无碍！酒对人的这种生理和心理作用，这种慢慢吟来的节奏和韵致，这种饮法和诗文创作内在规律的巧妙一致与吻合，使文人更喜爱酒，与酒结下了不解之缘，留下了不尽的趣闻佳话，也易使人觉得，兴从酒出，文自酒来。于是，有会朋延客、庆功歌德的喜庆酒，有节令佳期的欢乐酒，有祭祖奠仪的事酒，有哀痛忧悲的伤心酒，有郁闷愁结的浇愁酒，有闲情逸致的消磨酒……"心有所思，口有所言"，酒话、酒诗、酒词、酒歌、酒赋、酒文——酒文学便油然而发，斐然成观，成为中国文学史上的一大奇迹！

中国诗歌发展的历史，从《诗经》的"宾之初筵"（《小雅》）、"瓠叶"（《小雅》）、"荡"（《大雅》）、"有駜"（《鲁颂》）之章，到《楚辞》的"奠桂酒兮椒浆"（《东皇太一》）、《短歌行》的"何以解忧？唯有杜康"；从《文选》、《全唐诗》到《酒词》、《酒颂》；数不尽的斐然大赋、五字七言，看不尽的叙酒之事、歌酒之章！屈原、荆轲、高阳酒徒、司马相如，孔融、曹植、阮籍、陶渊明；李白、杜甫、白居易，王维、李贺、王昌龄；苏轼、黄庭坚、陆游、晏殊、柳永、姜夔；文徵明，袁宏道；沈德潜、郑燮、

袁枚，王士禛、洪亮吉、龚自珍……万千才子，无数酒郎！

谷，年复一年地收；酒，年复一年地流。数千年来，在广阔的国土上，几乎无处不酿酒，无人不饮酒。酿了数千年的酒，饮了数千年的酒，但真正优游于酒中的，只能是那些达官贵人，文人士子；酒文化从某种意义上说就是上层社会的文化，酒文学也是上层社会的文学。无数的祭享祀颂、公宴祖饯、欢会酬酢，便有无数的吟联唱和、歌咏抒情。酒必有诗，诗必有酒，中国的诗是酒的诗，中国的文学是酒的文学。唐代是诗的鼎盛时代，现存的九百余首李白诗作中，就有近二分之一是与酒有关的，一杯在手，浅酌低唱，历代诗人均乐于此。虽然不能说历代诗人的每首诗都是由酒引发的，也不必有诗必酒，但有酒必诗——酒趣诗兴可以说是中国古代文人的创作规律之一。词的创作更多是在宴阵酒场之所，因而词与酒的关系更密，宋词现存总数中不下二分之一是直接或间接言酒的。有的词人，如姜夔的词作则三分之二以上阙阙有酒香。这是因为词人的生活与词的创作，同宴筵社交、歌酒文会、曲艺活动等文艺生活关系非常密切的缘故。比较而言，词对酒生活的反映更为真实细腻，包含的酒文化内容也更丰富多彩。诗词之外，曲、赋、酒歌、酒令以及以酒和酒生活、酒文化为题材的文学创作如传奇、笔记、小说、笑话等都是酒文学的组成与成就，它们共同成就了斑斓多彩的中国酒文学，铸造了中国酒文化的灿烂辉煌。

陆治 《元夜燕集图》

词中酒色

如果说"对酒当歌"是中国古代文人抒发性情的心理风习，因而诗文往往伴酒而成的话，那么曲词就几乎可以说是与美酒美色孪生共体的文学了。钱锺书曾评论说，据"唐宋两代的诗词来看，也许可以说，爱情，尤其是在封建礼教眼开眼闭的监视之下的那种公然走私的爱情，从古体诗差不多全部撤退到近体诗里，又从近体诗里大部分迁移到词里"（《宋词选注》）。因此，词又被称为"艳词"，因为它在最初出现的时候，是供歌女唱的，通常和避人耳目的花前月下、深闺帐帏里的风流韵事有关。西域的异邦胡乐与中原传统的清商乐长时间地交互影响，于晚唐时融合成了一种新的音乐——燕乐。燕乐曲调繁多，有舞曲，也有歌曲，歌曲又叫"曲子词"。唐代的燕乐歌辞严格按照乐曲的要求来创作，这种新体歌辞，就是后来通常所称的"词"。词是诗的别体，是配合宴乐乐曲而填写的歌诗，兴于唐而盛于宋。词起源于民间，民间的词大都是反映爱情相思之类的题材。词的创作进入主流文学之后逐渐形成了"婉约"与"豪放"两种流派。晚唐温庭筠是文人词趋于成熟形态的标志性作家，为婉约派的代表人物。他的词以形象描绘和心理刻画见长，色彩浓艳，词藻华丽，手法细腻，形成了一种旖旎香软的艺术风格。温庭筠之后，韦庄、李璟、李煜、冯延巳、柳永、晏殊、秦观、周邦彦、李清照、姜夔、吴文英、纳兰性德等皆其风韵流派。豪放派的代表人物则为苏轼、辛弃疾、陆游等。抒写日常生活情感，意境细巧，表现手法委婉，语言凝炼精致是词的显著艺术特点，这又以婉约派为突出。词的这些特点，决定了它的创作与歌伎、舞伎等关系紧密，也决定了秦楼楚馆、食肆酒楼等酒宴场合往往是词创作与表演的重要舞台。

北宋著名词人柳永是婉约派最具代表性的人物。柳永，崇安（今福建武夷山）人，原名三变，字景庄，后改名永，字耆卿，排行第七，又称柳七。宋仁宗朝进士，官至屯田员外郎，故世称"柳屯田"。他以毕生精力作词，并以"白衣卿相"自诩。其词多描绘城市风光和歌伎生活，

河南禹县白沙宋代壁画《宴饮图》

尤长于抒写羁旅行役之情，柳词在当时流传极广，人称"凡有井水饮处，皆能歌柳词"。柳永一生了却醇酒妇人，"未遂风云便，争不恣狂荡……忍把浮名，换了浅斟低唱"（《鹤冲天》）；"长是因酒沉迷，被花萦绊"（《凤归云》）；纵游秦楼楚馆，往来歌儿舞伎间。"层波潋滟远山横。一笑一倾城。酒容红嫩，歌喉清丽，百媚坐中生。墙头马上初相见，不准拟、恁多情。昨夜杯阑，洞房深处，特地快逢迎。"（《少年游》）柳永自号"奉旨填词柳三变"，以生花之笔为章台女伎填词、讴歌，既是她们的专职词作家，亦是评鉴女伎们色艺高低的权威，经其品题者，立时鹊誉飞起、身价倍增。这位青楼知音、章台密友最终撒手尘寰时，女伎们争相集资将其安葬于乐游原上。每当清明时节，她们纷纷携酒前来踏青扫墓，称"上风流冢"、"吊柳七会"，谱写了一段"众名姬春风吊柳七"的佳话。

以浪子首领自豪的元代大戏剧家关汉卿，风流放荡亦不逊柳永。关汉卿号已斋（一作一斋），籍贯有大都（今北京市）、解州（在今山西运城）、祁州（在今河北）等不同说法，约生于金末或元太宗时。关汉卿编有杂剧 67 部，现存 18 部，其中《窦娥冤》、《救风尘》、《望江亭》、《拜月亭》、《鲁斋郎》、《单刀会》、《调风月》等是其代表作，有"驱梨园领袖，总编修师首，捻杂剧班头"之誉。关汉卿曾在写给女演员珠帘秀的散曲《南吕一枝花·不伏老》中说："我是个普天下郎君领袖，盖世界浪子班头。愿朱颜不改常依旧，花中消遣，酒内忘忧。分茶攧竹，打马藏阄，通五音六律滑熟，甚闲愁到我心头。伴的是银筝女银台前理银筝笑倚银屏，伴的是玉天仙携玉手并玉肩同登玉楼，伴的是金钗客歌《金缕》捧金樽满泛金瓯。你道我老也，暂休。占排场风月功名首，更玲珑又剔透。我是个锦阵花营都帅头，曾玩府游州。"

关汉卿是剧作家、导演、演员一人数兼，常常"躬践排场，面敷粉墨"

登台表演，词、曲、酒、色与其职业生涯、情趣爱好浑然一体。因此他自况："我玩的是梁园月，饮的是东京酒，赏的是洛阳花，攀的是章台柳"。对酒色的追求更是至死不渝："你便是落了我牙，歪了我口，折了我手，瘸了我腿，天与我这几般儿歹症候，尚兀自不肯休；只除是阎王亲令唤，神鬼自来勾，三魂归地府，七魄丧冥幽，那其间才不向烟花路儿上走。"

唐寅，字伯虎，一字子畏，号六如居士、桃花庵主、鲁国唐生、逃禅仙吏等，吴县（今江苏苏州）人，因生于庚寅年寅月寅日寅时故名寅。他玩世不恭而又才气横溢，诗文擅名，与祝允明、文徵明、徐祯卿并称"江南四才子"，画名更著，与沈周、文徵明、仇英并称"吴门四家"。唐寅自称"江南第一风流才子"、"普救寺婚姻案主者"。他宣称："龙虎榜中题姓氏，笙歌队里卖文章，踟跌说法蒲团软，鞋袜寻芳杏酪香"。好友文徵仲也用"高楼大叫秋觞月，深幄微酣夜拥花"来描述他的生活。花天酒地，妓家酒肆，是他放荡风流的生活领域。唐寅一生基本是在极端清贫的困境中度过的，"不炼金丹不坐禅，不为商贾不耕田。闲来写幅丹青卖，不使人间造孽钱"，反映的正是他卖画维生的窘境。唐寅三十六岁时在苏州城北桃花坞的一片废墟地上，营造了一处田园别墅，取名"桃花庵"，自号"桃花庵主"，并作《桃花庵歌》：

唐代狩猎纹高足银杯

唐寅

桃花坞里桃花庵，桃花庵下桃花仙；

桃花仙人种桃树，又摘桃花换酒钱。

酒醒只在花前坐，酒醉还来花下眠；

半醒半醉日复日，花落花开年复年。

但愿老死花酒间，不愿鞠躬车马前；

车尘马足富者趣，酒盏花枝贫者缘。

若将富贵比贫者，一在平地一在天；

若将贫贱比车马，他得驱驰我得闲。

别人笑我太疯癫，我笑他人看不穿；

不见五陵豪杰墓，无花无酒锄作田。

春日，园内花开如锦，他邀请沈周、祝允明、文徵明等来此饮酒赋诗，挥毫作画，尽欢而散，祝允明记其事："日般饮其中，客来便共饮，去不问，醉便颓寝。"

经济的窘迫并不影响唐寅诗酒生活的情调："笑舞狂歌五十年，花中行乐月中眠。漫劳海内传名字，谁论腰间缺酒钱。诗赋自惭称作者，众人多道我神仙。些须做得工夫处，莫损心头一寸天。"（《言怀》）"怅怅莫怪少时年，百丈游丝易惹牵。何岁逢春不惆怅？何处逢情不可怜？杜曲梨花杯上雪，灞陵芳草梦中烟，前程两袖黄金泪，公案三生白骨禅。老后思量应不悔，衲衣持盏院门前。"（《怅怅词》）他甚至在《把酒对月歌》中将自己与李白的诗酒轶事作对比："李白前时原有月，惟有李白诗能说。李白如今已仙去，月在青天几圆缺？今人犹歌李白诗，明月还如李白时。我学李白对明月，白与明月安能知！李白能诗复能酒，我今百杯复千首。我愧虽无李白才，料应月不嫌我丑。我也不登天子船，我也不上长安眠。姑苏城外一茅屋，万树桃花月满天。"唐寅虽满腹才学，却一生不如意，后转而信佛，据《金刚经》"一切有为法，如梦幻泡影，如露亦如电，应作如是观"而自号"六如居士"，并治印"逃禅仙吏"一方。

明代中叶，江南士林随商业经济的自由浸润而个性舒展，信佛而不

文人与酒的故事：浔阳江宋江题反诗

佞,拥香礼拜两不相扰。诗人谢兆申、宋献孺、潘之恒宴会,三妓相约劝酒,宋谓:"打过艳冶,即是圆通;成佛成仙,正在吾辈。"明末思想家傅山更认为:"宁花柳毋瓶钵,则脱胎换骨之法,以魔口说佛事,是大乘最上义。"酒色无伤大雅,人欲有益修身,是明中叶以后世俗士林逐渐流行的人生价值观。

武士与酒

历史上参与军旅生活的一般都是青壮年男子,军旅的孤寂,战争的残酷,命运无常,生死未卜,造成了军人对酒的职业性心理需求。酒具有消减紧张情绪、舒缓恐惧心理的作用,能慰藉、麻痹、陶醉饥渴的心灵。而酒刺激情绪、激励勇气的催化作用,对于战前鼓舞士气又具有独特的功效。军旅中,人们干杯痛饮就如同横刀操戈、冲锋陷阵,聚饮时无人畏缩,甚至互相挑衅,一醉方休。所以,历史上许多孔武英勇之事往往与酒有关。正如古希腊早期喜剧代表作家阿里斯托芬对雄辩家德摩斯梯尼所说:"现在你知道了为了什么,当男人喝酒时他们会感到精力旺盛;他们变得更富有,扩大生意的规模,赢得他们所追求的目标;他们感到快乐,并与朋友们一起分享。"看来,酒是天然属于军旅的,它有助于军人勇武精神的张扬,对激起军人的斗志和战友间的协作友情起着不可或缺的作用。

战国宴乐渔猎攻战图青铜酒壶

1965年四川成都百花潭出土,壶腹上部的图案表现了堂上觥筹交错的盛宴图景(北京故宫博物院、四川博物馆藏)

古埃及人发明了在原料中掺入番红花、蜂蜜、姜、海枣、枯茗的黑啤酒，黑啤酒的色泽、香气、味道都让古埃及人钟情不已。法老的军队里有专门的酿酒师，出征时也要随时造酒以供军用，用以鼓舞振奋士气。据说，拿破仑就将"醒掌天下权，醉卧美人膝"作为自己人生的最高境界。

王翰那首家喻户晓的《凉州词》"葡萄美酒夜光杯，欲饮琵琶马上催。醉卧沙场君莫笑，古来征战几人回"，真是道尽了历史上为国捐躯者的慷慨勇武与悲壮凄凉。而辛弃疾《破阵子·为陈同甫赋壮词以寄之》"醉里挑灯看剑，梦回吹角连营。八百里分麾下炙，五十弦翻塞外声。沙场秋点兵。马作的卢飞快，弓如霹雳弦惊。了却君王天下事，赢得生前身后名。可怜白发生"则直抒了勇士拔剑四顾、报国无门的愤懑，读来令人心潮澎湃，热泪不止。《三国演义》中关云长的"温酒斩华雄"、典韦的醉后神武，《水浒传》里武松的景阳冈毙虎、醉打蒋门神，都是酒壮英雄胆的可歌可泣的武士佳话。当然，最激励人心、鼓舞士气的，还应当是岳飞的那首《满江红》：

　　怒发冲冠，凭阑处，潇潇雨歇。抬望眼，仰天长啸，壮怀激烈。三十功名尘与土，八千里路云和月。莫等闲，白了少年头，空悲切！

　　靖康耻，犹未雪；臣子恨，何时灭？驾长车，踏破贺兰山缺。壮志饥餐胡虏肉，笑谈渴饮匈奴血。待从头，收拾旧山河，朝天阙！

乐伎八棱金杯

金器，唐，高4.6厘米，口径7.2厘米，陕西省西安市南郊何家村出土，陕西省历史博物馆藏。

此杯打破传统的圆形杯，以连珠纹相间做成八棱形。纹样是八个奏乐胡人形象。杯的造型明显受西方影响，但杯上所饰的鱼子纹和蔓草飞鸟纹却是传统的中国纹样，这是件中西艺术风格并存、具有很高艺术价值的金银器。

这位一心杀敌报国、收复失地的悲剧英雄，虽然没能等到兑现与诸将"直抵黄龙府，与诸君痛饮尔"的那一天，但其慷慨悲愤的激烈壮怀，却将勇武慷慨、大义凛然的英雄气概表现得淋漓尽致，也快慰着一代代天下兴亡匹夫有责的壮志男儿。男儿如此，烈女亦然。共和先烈、民族英雄秋瑾《黄海舟中日人索句并见日俄战争地图》一诗云："万里乘风去复来，只身东海挟春雷。忍看图画移颜色，肯使江山付劫灰！浊酒不销忧国泪，救时应仗出群才。拼将十万头颅血，须把乾坤力挽回！"读来令人热血沸腾，直欲飞奔沙场，拼与强虏玉石俱焚。酒与碧血竟如此相得益彰，使我们不由掩卷感慨：酒真是天造的勇士饮料！

楚庄王，又称荆庄王，春秋时期楚国最有成就的君主。历史文献记载：某次，楚庄王与群臣宴会，日暮酒酣之际，王使青春美艳的爱妃许姬行酒，至一座前，忽风吹灯灭。其人遂乘机牵引许姬之衣，许姬随手摘去该人盔顶之缨，归告王曰："今者烛灭，有引妾衣者，妾援得其冠缨，持之。趣火来上，视绝缨者。"王曰："赐人酒，使醉失礼，奈何欲显妇人之节而辱士乎？"乃命左右曰："今日与寡人饮，不绝冠缨者不欢！"群臣百有余人，皆绝去其冠缨而上火，卒尽欢而罢。三年后，晋与楚战，有一臣常在前，五合五奋，首却敌，卒得胜之。庄王怪而问曰："寡人德薄，又未尝异子，子何故出死不疑如是？"对曰："臣当死，往者醉失礼，王隐忍不加诛也。臣终不敢以荫蔽之德而不显报王也。常愿肝脑涂地，用颈血湔敌久矣。臣乃夜绝缨者也。"遂败晋军，楚得以强。

"绝缨之会"或"摘缨会"

武人与酒的故事：鸿门宴

为中华历史美谈。楚庄王的宽宏大度、睿智仁厚，美人的娇媚聪明，"绝缨"将军的血性仗义，宴会的慷慨欢快，均跃然纸上。

三国时期，东吴折冲将军甘宁（字兴霸）是一位勇武无惧的勇士，被誉为"东吴第一强将"。曹操略定汉中之后，驱步骑四十万临江饮马。孙权率众七万应之，使甘宁领三千人为前都督，命其斫敌前营。这本是一桩九死一生的冒险行动，孙权知道只有勇夫甘宁能当此任。于是"特赐米酒众肴"以资激励。甘宁精选勇士百余人开怀饱食畅饮，食毕，"宁乃以银碗酌酒自饮两碗，乃酌与其都督。都督伏，不肯时持，宁引白削置膝上，呵谓之曰：'卿见知于至尊，孰与甘宁？甘宁尚不惜死，卿何以独惜死乎？'都督见宁色厉，即起拜持酒，通酌兵各一银碗。至二更时，衔枚出斫敌，敌惊动，遂退。"成功之后，孙权大为感慨："孟德有张辽，孤有兴霸，足相敌也！"（《三国志·吴书十·甘宁传》）五代时王景仁骁勇刚悍，临阵"力战不屈，常以数骑身先奋击，寇不敢逼，乃引兵还"，"是时，梁太祖方攻郓州……以兵二十万倍道而至，景仁闭垒示怯，伺梁兵怠，毁栅而出，驱驰疾战，战酣退坐，召诸将饮酒，已而复战。太祖登高望见之，得青州降人，问：'饮酒者为谁？'曰：'王茂章也。'太祖叹曰：'使吾得此人为将，天下不足平也！'"后来，王景仁归顺梁，累积战功，卒赠太尉（《新五代史·王景仁传》）。王景仁的"驱驰疾战，战酣退坐，召诸将饮酒，已而复战"的战法，足使他豪气冲天、威风远播，在冷兵器时代刀枪直击、四目对视厮杀的战争氛围中，气势凌人是足以慑敌制胜的。

酒人品藻

"酒人"，如同"茶人"一样，也是中华历史上具有特定文化特征的社会族群，其主体构成基本为仕宦或其预备、或依附于仕宦的社会精英，他们一般都有一定的经济、政治、文化资凭，至少是具有某种超乎村野世庶之上的社会身份特征。可以说，酒和茶是中华传统文化的两大重要

玉角形杯

玉器，汉，高18.3厘米，最宽8.3厘米，广州西汉南越王墓中出土。

这件精美的玉角杯为捎带弯曲的扁角形，略呈长方形的斜口，外缘琢一装饰带。外壁雕一神采精爍的蟠龙，龙头以立雕技法完成，张口瞋目、卷耳瘦颊、独角长飘，龙尾大而夸张地卷出杯外，饰扭丝纹。杯壁的另一面，浮雕一凤。这件龙凤呈祥的玉角杯，以不对称的手法，表现了神灵动物的力与美。应是汉代艺术的极致。

物质支撑，而"酒人"和"茶人"则是中华文化精神的基本载体——士群体联袂合珏的两种格调仪表。俗语说"好酒的不进茶坊"，作为自然人的个体，这种基于生活习惯的茶、酒喜好不同无疑是存在的，但是作为抽象化了的"中华文化人"，茶、酒二者的文化意蕴则是此耶、彼耶，表里、形神合一的，犹若币之正反两面。与"茶人"品茗心适沉静内省、纾缓平和的心境不同，"酒人"把饮追求的是慷慨粗豪，是中华文化人阳刚壮烈、旷达倜傥一面的释放挥洒，是"文武之道一张一弛"活力昂扬一面的表现。茶若深闺处子，含蓄内敛，声息不闻；酒如白项用兵所过残灭、奔马猎豹风嘶尘扬，酒让中国人血脉贲张、神采飞扬。唐人王敷所撰《茶酒论》以拟人法让"酒"、"茶"论辩品性与有益人生功效，颇耐人寻味地展示了二者的文化异同关系：

> 酒谓茶曰："……致酒谢坐，礼让周旋。国家音乐，本为酒泉，终朝吃你茶水，敢动些些管弦！"……两个政争人我，不知水在旁边。
>
> 水谓茶、酒曰："阿你两个，何用怂怂？阿谁许你，各拟论功！言词相毁，道西说东。人生四大，地水火风。茶不得水，作何相貌？酒不得水，作甚形容？米曲干吃，损人肠胃。茶片干吃，只砺破喉咙。万物须水，五谷之宗。上应乾象，下顺吉凶。江河淮济，有我即通。亦能漂荡天地，亦能涸煞鱼龙。尧时九年灾迹，只缘我在其中。感得天下钦奉，万姓依从。犹自不说能圣，两个何用争功？从今以后，切须和同。酒店发富，茶坊不穷。长为兄弟，须得始终。若人读之一本，永世不害酒癫茶疯。"

应当说，"致酒谢坐，礼让四周……动些些管弦"恰恰是酒大不同于茶之处，正是由于酒更宜于人性情舒展与社会交谊，"酒人"的生活舞台与文化历史角色才尤为有声有色、发人深省。

《史记》云"荆轲虽游于酒人乎，然其为人沈深好书"，首次提及"酒人"。何谓"酒人"？裴骃集解引徐广曰"饮酒之人"，即好喝酒的人，好喝酒而成习惯，常喝酒而成癖好，以酒为乐，以酒为事，无甚不可无酒，无酒不成其人，言其人必言酒，是可谓"酒人"。可见，酒人是历史上那些爱酒、嗜酒者的统称。当然，如上所述，中华历史上的"酒人"事实上是有特定的社会族群属性的，而非泛指一切饮酒者。但中国历史上酒事纷纭复杂，酒人五花八门，绝难简单品等。按酒德、饮行、风藻评鉴原则，中华历代酒人似可粗略区分为上、中、下三等，等内又可分级，谓三等九品。上等"雅"、"清"，即嗜酒为雅事，饮而神志清明。中等为"俗"、"浊"，即耽于酒而沉俗流、气质平泛庸浊。下等是"恶"、"污"，即酗酒无行、伤风败德，沉溺于恶秽。纵观数千年的中国酒文化史，以这一标准来评点归类，历史上的酒人名目大致如下：

上上品

这一品级可援古语称之为"酒圣"。李白《月下独酌》诗云："所以知酒圣，酒酣心自开。"李白，字太白，号青莲居士，祖籍成纪（今甘肃秦安西北），隋末时其先人流寓碎叶（今吉尔吉斯斯坦首都比什凯克以东的托克马克附近），生李白于斯。李白一生受抑，遂用酒向时世抗争，以缓解自己在政治和精神重压下的痛苦与抑闷，达到一种"三杯通大道，一斗合自然。但得酒中趣，勿为醒者传"的心理状态和精神境界。正是在这种境界中，李白才发为奇语，歌为绝唱，进行了辉煌的创作，

苏六朋《太白醉酒图轴》

为中华民族留下了珠光璀璨的伟大诗作。这种凭酒力返本还真，充分实现自我，创造非凡业绩的酒人是当之无愧的"酒圣"。酒使李白实现了自我，成就了伟大的业绩；酒又帮助他率性独立、超越了自我，成了中华学人不阿权贵，率真坦荡，成名立业的楷模，成了民族历史上士子文人的自况形象。

陶潜，字渊明，一说名渊明，字符亮，寻阳柴桑（今江西九江市西）人。"亲老家贫……为彭泽令。公田悉令吏种秫稻，妻子固请种秔，乃使二顷五十亩种秫，五十亩种秔。郡遣督邮至，县吏白应束带见之，潜叹曰：'我不能为五斗米折腰向乡里小人。'即日解印绶去职。""（友人）留二万钱与潜，潜悉送酒家，稍就取酒。尝九月九日无酒，出宅边菊丛中坐久，值弘送酒至，即便就酌，醉而后归。潜不解音声，而蓄素琴一张，无弦，每有酒适，辄抚弄以寄其意。"（《宋书·列传第五十三·隐逸》）高雅、清醒如此，自然也堪称酒中圣人。历史上有许多可以列为酒圣的文学圣手、思想哲人。他们饮酒不迷性，醉酒不违德，相反更见情操之伟岸、品格之清隽，更助事业之成就。

苏东坡则是饮中圣者的另一类型，他曾说："余饮酒，终日不过五合。天下之不能饮，无在予下者；然喜人饮酒，见客举杯徐引，则予胸中为之浩浩焉，落落焉，醺适之味，乃过于客。闲居未尝一日无客。客至，未尝不置酒。天下之好饮，亦无在予上者。常以谓人之至乐，莫若身无病而心无忧，我则无是二者

苏东坡

矣。然人之有是者接于余前，则余安得全其乐乎？故所至常蓄善药，有求者则与之，而尤喜酿酒以饮客。或曰：'子无病而多蓄药，不饮而多酿酒，劳己以为人，何也？'余笑曰：'病者得药，吾为之体轻；饮者困于酒，吾为之醺适，盖专以自为也。'"（《书东皋子传后》）他的人生态度与境界是："治生不求富，读书不求官。譬如饮不醉，陶然有余欢。"正如其在《浊醪有妙理赋》中的表达："内全其天，外寓于酒"，"杳冥冥其似道，径得天真"，这表达了东坡对酒的独到见解："饮酒但饮湿"，"得酒忘醇醨"。酒本身已经不是最重要的，重要的是饮酒的过程与状态。

上中品

历史文献中的"酒仙"、"酒逸"辈。宋欧阳修《归田录》云："有刘潜者，亦志义之士也，常与（石）曼卿为酒敌。闻京师沙行王氏新开酒楼，遂往造焉。对饮终日，不交一言……至夕，殊无酒色，相揖而去。明日，都下喧传王氏酒楼有二酒仙来饮。久之乃知刘、石也。"刘潜，字仲方，曹州定陶（今山东定陶西北）人，史称"少卓逸，有大志，好为古文，以进士起家，为淄州军事推官。尝知蓬莱县，代还，过郓州，方与曼卿饮，闻母暴疾，亟归。母死，潜一恸遂绝。其妻复抚潜大号而死，时人伤之。"（《宋史·列传第二百一·文苑四》）石曼卿，字延年。刘、石二人友善，且皆以好酒故事闻名于史。一次，二人"剧饮中夜，酒竭。顾船中有醋斗余，倾入酒中并饮之。阙明日，酒醋俱尽。"（《尧山堂外纪》）可见，"酒仙"虽饮多而不失礼度，不迷本性，为潇洒倜傥的酒人。杜甫《饮中八仙歌》亦云："知章骑马似乘船，眼花落井水底眠。汝阳三斗始朝天，道逢曲车口流涎，恨不移封向酒泉。左相日兴费万钱，饮如长鲸吸百川，衔杯乐圣称世（一作"避"）贤。宗之潇洒美少年，举觞白眼望青天，皎如玉树临风前。苏晋长斋绣佛前，醉中往往爱逃禅。李白一斗诗百篇，长安市上酒家眠；天子呼来不上船，自称臣是酒中仙。张旭三杯草圣传，脱帽露顶王公前，挥毫落纸如云烟。焦遂五斗方卓然，高谈雄辩惊四筵。"

诗中所讲的"八仙"分别是贺知章、李琎、李适之、崔宗之、苏晋、李白、张旭、焦遂八人。贺知章，字季真，越州永兴（今浙江萧山）人，自称"秘书外监"，一生好酒，"后忽鼻出黄胶数盆，医者谓饮酒之过"。李琎，李唐宗室，唐睿宗长孙，封汝阳郡王，与贺知章等人"为诗酒之交"，曾"于上前醉，不能下殿，上遣人掖出之……家有酒法号《甘露经》。尝取云梦石𥖄泛春渠以蓄酒。作金银龟鱼，浮沉其中，为酌酒具。自称'酿王兼曲部尚书'"。李适之名昌，陇西成纪（今甘肃秦安县东）人，唐太宗长子李承乾之孙，曾官至左丞相，后为李林甫构罪，仰药自杀。苏晋，雍州蓝田（今陕西南郑县境）人，有文才，袭父爵河内郡公，终太子左庶子。张旭字伯高，苏州吴人，善草书，嗜酒，"每大醉呼叫狂走乃下笔，或以头濡墨而书。既醒，自视以为神，不可复得也；世呼'张颠'"，又称"草圣"；文宗时以李白歌诗、裴旻剑舞、张旭草书为"三绝"。焦遂口吃，醒若不能言，醉后则应答如响。杜甫显然是着眼于这些人的风逸脱俗之处来说他们是"酒中仙"的。所谓"酒逸"，基本类此，不过更重饮酒时的优雅仪态："且将浊酒伴清吟，酒逸饮狂轻宇宙。"（韩偓《三月二十七日自抚州往南城县舟行见拂水蔷薇因有是作》）即是写真一例。这种不拘礼俗的诗人，往往以被酒放诞成就名士才子的社会名声，此类酒人在中国历史上可谓多矣。其中，应以白居易为最典型代表。白居易，字乐天，曾自号"醉吟先生"，晚年又号香山居士，河南新郑人。白居易苦吟创作、躬勤政事的另一面人生则是酒娱平生、歌吟潇洒，其毕生诗作大半飘逸酒香。古人论酒，将白居易列为高居榜首的

白居易

"酒颠",云"乐天诗凡二千八百首,饮酒九百首",笔者细按,其实不止,然也正说明古人确实注意到了他酒人的典型格调。《醉吟先生传》曾云:

> 醉吟先生者,忘其姓字、乡里、官爵,忽忽不知吾为谁也。宦游三十载,将老,退居洛下。所居有池五六亩,竹数千竿,乔木数十株,台榭舟桥,具体而微,先生安焉。家虽贫,不至寒馁;年虽老,未及昏耄。性嗜酒,耽琴淫诗,凡酒徒、琴侣、诗客多与之游。游之外,栖心释氏,通学小中大乘法,与嵩山僧如满为空门友,平泉客韦楚为山水友,彭城刘梦得为诗友,安定皇甫朗之为酒友。每一相见,欣然忘归,洛城内外,六七十里间,凡观、寺、丘、墅,有泉石花竹者,靡不游;人家有美酒鸣琴者,靡不过;有图书歌舞者,靡不观。
>
> 自居守洛川泊布衣家,以宴游召者亦时时往。每良辰美景或雪朝月夕,好事者相遇,必为之先拂酒罍,次开诗筪,诗酒既酣,乃自援琴,操宫声,弄《秋思》一遍。若兴发,命家僮调法部丝竹,合奏《霓裳羽衣》一曲。若欢甚,又命小妓歌《杨柳枝》新词十数章。放情自娱,酩酊而后已。往往乘兴,屦及邻,杖于乡,骑游都邑,肩舁适野。舁中置一琴一枕,陶、谢诗数卷,舁竿左右,悬双酒壶,寻水望山,率情便去,抱琴引酌,兴尽而返。
>
> 如此者凡十年,其间赋诗约千余首,岁酿酒约数百斛,而十年前后,赋酿者不与焉。妻孥弟侄,虑其过也,或讥之,不应,至于再三,乃曰:"凡人之性鲜得中,必有所偏好,吾非中者也。设不幸吾好利而货殖焉,以至于多藏润屋,贾祸危身,奈吾何?设不幸吾好博弈,一掷数万,倾财破产,以至于妻子冻馁,奈吾何?设不幸吾好药,损衣削食,炼铅烧汞,以至于无所成、有所误,奈吾何?今吾幸不好彼而目适于杯觞、讽咏之间,放则放矣,庸何伤乎?不犹愈于好彼三者乎?此刘伯伦所以闻妇言而不听,王无功所以游醉乡而不还也。"遂率子弟,入酒房,环酿瓮,箕踞仰面,长吁太息曰:

"吾生天地间，才与行不逮于古人远矣，而富于黔娄，寿于颜回，饱于伯夷，乐于荣启期，健于卫叔宝，幸甚幸甚！余何求哉！若舍吾所好，何以送老？因自吟《咏怀诗》云：抱琴荣启乐，纵酒刘伶达。放眼看青山，任头生白发。不知天地内，更得几年活？从此到终身，尽为闲日月。

吟罢自哂，揭瓮拨醅，又饮数杯，兀然而醉，既而醉复醒，醒复吟，吟复饮，饮复醉，醉吟相仍若循环然。由是得以梦身世，云富贵，幕席天地，瞬息百年，陶陶然，昏昏然，不知老之将至，古所谓得全于酒者，故自号为醉吟先生。于时开成三年，先生之齿六十有七，须尽白，发半秃，齿双缺，而觞咏之兴犹未衰。顾谓妻子云："今之前，吾适矣，今之后，吾不自知其兴何如？"

上下品

史书中的"酒贤"、"酒董"辈。孔子云"唯酒无量，不及乱"，这应当正是酒贤的规范，所谓"君子之饮酒也，受一爵而色洒如也，二爵而言言斯，礼已，三爵而油油以退"（《礼记·玉藻》）。喜饮有节，虽偶至醉亦不越度，谈吐举止中节合规，犹然儒雅绅士、谦谦君子风度。晋大司马陶侃以人"生无益于时，死无闻于后"为憾，"每饮酒有定限，常欢有余而限已竭……（人）劝更少进，侃凄怀良久曰：'年少曾有酒失，亡亲见约，故不敢逾。'"陶侃堪称中国历史上理智酒人的代表。其他如公安袁中郎辈虽"不胜杯杓而长夜兴勃勃者"，亦近此类。又苏舜钦"豪放不羁，好饮酒。在外舅杜祁公家，每夕读书，以一斗为率。公深以为疑，使子弟密觇之。闻子美读《汉书·张良传》，至良与客狙击秦皇帝误中副车，遽抚掌曰：'惜乎不中！'遂满饮一大白。又读至良曰：'始臣起下邳，与上会于留，此天以授陛下。'又抚案曰：'君臣相遇，其难如此！'复举一白。公闻之，大笑曰：'有如此下酒物，一斗不足多也！'"（陆友仁《研北杂志》）舜钦乃梓州铜城（故治在今四川三台县）人，"少慷慨有大志"，"在苏州买水石作沧浪亭，益读书，时发愤懑于歌诗，其体豪放，往往惊人。善草书，每酣酒落笔，争为人所传"，可为"酒贤"的极好代表。这档酒人的另一类型是精于鉴别酒味酒质的"酒董"："娄江酒董别酸甜，上第青齐落二三。"其实许多酒人也都精于品酒，只是作为酒人标准，则更重在酒事的修养和风度。

蔡邕

中上品

历史文献中另有一种酒人叫做"酒痴"，沉湎于酒而迷失性灵，沉沦自戕，达到痴迷的地步。东汉末年的著名文人蔡邕即属此辈。邕字伯喈，陈留圉（今河南杞县南）人，为东汉末年著名文学家、书法家，博学多才，"好辞章、数术、天文，妙操音律"，然性耽酒，每饮无拘，常"饮至一石"，又"常醉在路上卧"，时人送其雅谑之号，曰"醉龙"。晋人张翰亦是"酒痴"中的代表人物。翰字季鹰，吴郡吴人。"有清才，善属文，而纵任不拘，时人号为'江东步兵'"，见"天下纷纷，祸难未已……求退良难"，"因见秋风起，乃思吴中菰菜、莼羹、鲈鱼脍"，遂辞官归里。他曾宣言："使我有身后名，不如即时一杯酒！"唐人王绩在《赠程处士》诗中说："礼乐囚姬旦，诗书缚孔丘。不如高枕枕，时取醉消愁。"王绩的一生也的确如此诗所咏。绩字无功，绛州龙门（今山西新绛县境）人，有文才，但性"诞纵"，"以嗜酒不任事"，"以醉失职"。其时门下省制度，每人日供给酒三升，而王绩待诏门下省时，以其"良酝可恋耳"一言而获特供日给一斗，因有"斗酒学士"之称。"游北山东皋，著书自号'东皋子'，乘牛经酒肆，留或数日……其饮至五斗不乱，人有以酒邀者，无贵贱辄往"，"豫知终日，命薄葬，自志其墓"。看来王绩认为唯有酒才是实在和有价值的，人世间其他任何事都毫无可取。他还"著《醉乡记》以次刘伶《酒德颂》"，表露了他要与人世决绝，与古代酒人阮嗣宗、陶渊明同游的悲切惨淡心理。

阮籍

刘伶

中中品

此为"酒颠"、"酒狂"类，晋人阮籍、刘伶堪为代表。阮籍字嗣宗，陈留尉氏（今河南开封境）人。"籍本有济世志，属魏晋之际，天下多故，名士少有全者，籍由是不与世事，遂酣饮为常。文帝初欲为武帝求婚于籍，籍醉六十日，不得言而止。钟会数以时事问之，欲因其可否而致之罪，皆以酣醉获免。""籍闻步兵厨营人善酿，有贮酒三百斛，乃求为步兵校尉。""籍虽不拘礼教，然发言玄远，口不臧否人物。性至孝，母终，……既而饮酒二斗，举声一号，吐血数升。及将葬，食一蒸肫，饮二斗酒……举声一号，因又吐血数升。"阮籍又能为青、白眼以区别待雅、俗之客。"由是礼法之士疾之若仇"，而籍则谓"礼岂为我设邪！"（《晋书·列传第十九·阮籍》）于是"嗜酒荒放，露头散发，裸袒箕踞"（王隐《晋书》），以为"通达"得大道之本。刘伶字伯伦，沛国（今安徽宿县西北）人，是个有名的豪饮至癫狂的酒人。史载，刘伶"容貌甚陋。放情肆志，常以细宇宙齐万物为心……初不以家产有无介意。常乘鹿车，携一壶酒，使人荷锸而随之，谓曰：'死便埋我。'……尝渴甚，求酒于其妻。妻捐酒毁器，涕泣谏曰：'君酒太过，非摄生之道，必宜断之。'伶曰：'善！吾不能自禁，惟当祝鬼神自誓耳。便可具酒肉。'妻从之。伶跪祝曰：'天生刘伶，以酒为名。一饮一斛，五斗解酲。妇人之言，慎不可听。'仍引酒御肉，隗然复醉。尝醉与俗人相忤，其人攘袂奋拳而往。伶徐曰：'鸡肋不足以安尊拳。'其人笑而止。"（《晋书·列传第十九·刘伶》）此人"未尝厝意文翰，惟著《酒德颂》一篇"，却颇能自况他"惟酒是务，焉知其余"的心态行止。唐进士郑愚、刘参、郭保衡、王冲、张道隐，每春选妓三、五人，乘牸小车，裸袒园中叫笑自若，自诩"颠饮"为乐。

中下品

此系"酒荒"辈。此辈人沉湎于酒、荒废正业，且偶有使气悖德之行。

东方朔当属此类。东方朔字曼倩，平原厌次（今山东省陵县神头镇）人，西汉辞赋家。武帝朝曾任常侍郎、太中大夫等职。其性格诙谐，言词敏捷，滑稽多智，常在武帝前谈笑取乐，一生著述甚丰，后人汇为《东方太中集》。司马迁在《史记》中称他为"滑稽之雄"。然其"尝醉入殿中，小遗殿上。劾不敬，有诏免为庶人"。三国刘琰"禀性空虚，本薄操行，加有酒荒之病"。晋建武将军王忱"弱冠知名……流誉一时……性任达不拘，末年尤嗜酒，一饮连月不醒，或裸体而游，每叹三日不饮，便觉形神不相亲。妇父尝有惨，忱乘醉吊之，妇父恸哭，忱与宾客十许人，连臂被发裸身而入，绕之三匝而出。其所行多此类"。晋人胡毋辅之、谢鲲、光孟祖等可视为同类。某次，胡毋辅之、谢鲲诸人"散发裸袒，闭室酣饮"，光孟祖为不速客，在外叫门不应，"便于户外脱衣，露顶于狗窦中窥之大叫。辅之惊曰：'他人决不能尔！必我孟祖！'遂呼入共饮。"胡毋辅之，字颜国，泰山奉高（今山东泰安东北十七里）人。"少擅高名，有知人之鉴。性嗜酒，任纵不拘小节……与郡人光逸昼夜酣饮，不视郡事。"谢鲲字幼舆，陈国阳夏（今河南太康县境）人，"鲲少知名，通简有高识，不修威仪"，每与同侪"纵酒"。光逸，字孟祖，乐安（今山东高苑县西北）人，与胡毋辅之、谢鲲、阮放、毕卓、羊曼、桓彝、阮孚等同侪酒人被"时人谓之'八达'"。北宋人饶节，字德操，抚州（今江西临川县境）人。因不合新法，乃断发为僧，陆游称其为"近时僧中之冠"，"少有大志，既不遇，纵酒自晦。或数日不醒，醉时往往登屋危坐，浩歌恸哭，达旦乃下"。

下上品

此是"酒徒"辈。凡饮必过，沉沦酒事，少有善举，已属酒人下流。晋人王恭，字孝伯，太原晋阳（今山西太原）人，孝武定皇后王法慧之兄，恭并其父王蕴、定皇后均"嗜酒"。"蕴素嗜酒，末年尤甚"，"后性嗜酒骄妒，帝深患之"。尝言："名士不必须奇才，但使常得无事，痛饮酒，熟读《离骚》，便可称名士。"郑泉字文渊，陈郡人，"博学有奇志，而性嗜酒。其闲居每曰：'愿得美酒满五百斛船，以四时甘脆置两头，反复没饮之⋯⋯酒有斗升减，随即益之。不亦快乎！'⋯⋯临卒，谓同类曰：'必葬我陶家之侧，庶百岁之后，化而成土，幸见取为酒壶，实获我心矣！'"（《三国志·吴书》）阮咸字仲容，阮籍之侄，与其同为"竹林七贤"。"咸耽酒浮虚"，被时人视为"心醉"。"咸妙解音律，善弹琵琶⋯⋯惟共亲知弦歌酣宴而已⋯⋯诸阮皆饮酒，咸至，宗人间共集，不复用杯觞斟酌，以大盆盛酒，圆坐相向，大酌更饮。时有群豕来饮其酒，咸直接去其上，便共饮之。群从昆弟莫不以放达为行，籍弗之许。"阮咸因与猪共饮而在中国历史上留下"豕饮"的典故。

阮咸

下中品

此是史文所谓"酒疯"、"酒头"、"酒魔头"、"酒糟头"辈，可以统称为"酒鬼"，指嗜酒如命，饮酒忘命，酒后发狂，醉酒糊涂，甚至为酒亡命一类的酒人。"酒鬼"一词本是人们鄙称贪酒无度，不仅全无酒德且有亏人行的一类下流酒人的用语。西周末年，因酗酒无度最终导致国破身亡的周幽王就是这样一个典型。周幽王，姓姬名宫湦，因烽火戏诸侯的荒唐事而被后世传为笑柄。灌夫，西汉颍阴（今河南许昌）人，字仲孺，初以勇武闻名，家财数千万，食客日数十百人，任侠横暴，纵酒无行，终因酗酒获罪而遭族诛，在历史上留下"灌夫骂座"的丑闻。南朝陈的末代皇帝陈叔宝，作为一国之君置民生与国事于不顾，一味荒湎酒色，只知与群臣饮酒作乐，还诗言心声留下《独酌谣》："独酌谣，独酌且独谣。一酌岂陶暑，二酌断风飙。三酌意不畅，四酌情无聊。五酌盂易覆，六酌欢欲调。七酌累心去，八酌高志超。九酌忘物我，十酌忽凌霄。凌霄异羽翼，任致得飘飘。宁学世人醉，扬波去我遥。尔非浮丘伯，安见王子乔。"隋军来犯的十万火急警报他看也不看就抛之床下，依旧纵酒驰情如故，待到敌军犁扫家门之际，他却左拥右抱美妇躲到枯井中成了瓮鳖。《金史》上还记载了宣宗朝一位叫武都的高官，其"佩虎符，便宜行事，弹压中外军民"，威权甚重，竟然白日烂醉，仅穿短裤"见诏使"，受了处分，随后又"起为刑部尚书"。现今社会亦多有此类"酒鬼"。他们嗜酒如命，酒未饮而先见其醉态，见酒必饮，饮则必醉，醉则无形：面赤眼直，鼻肿嘴斜，口出胡言，言多秽语，秽气直冲，唾沫四溅，举止失常，行止猥琐……种种令人作呕之行状，不一而足。

下下品

此类是"酒贼"辈，为酒人之最末一流，最下之品。此类酒人人品低下，不仅自身因酒丧德无行，且又因酒败事，大则误国事，小则误公事或私家之事。且此类人多是以不光明、不正当的手段吸民之膏血，揩国之脂泽，即饮不清白之酒、赃污之酒，其行为也实同于贼窃，故理当名其为"贼"。晋人毕卓"为吏部郎，常饮酒废职。比舍郎酿熟，卓因醉夜至其瓮间盗饮之，为掌酒者所缚"。毕卓字茂世，新蔡鲖阳（今安徽临泉鲖城）人，家世代书香长者，"少希放达"，曾对人倡言："得酒满数百斛船，四时甘味置两头，右手持酒杯，左手持蟹螯，拍浮酒船中，便足了一生矣。"与胡毋辅之等酒人友善，官至平南长史。观其所行，倒是个名符其实的盗酒贼了。此辈人在历史上多为王侯贵族，因为他们威权极高、财货狂敛，往往纵欲无度。史书所记夏禹言"后世必有以酒亡其国者"，当是史家总结历代酒人之误的剀切之识。夏王桀荒湎于酒，"不务德而武伤百姓，百姓弗堪"，终于亡国。商王纣更是"好酒淫乐，嬖于妇人"，"以酒为池，悬肉为林，使男女裸，相逐其间，为长夜之饮"。暴饮之甚竟一连七昼夜而不止。于是诸侯尽叛，前徒倒戈，自焚于鹿台，身死国灭。十六国时期前秦厉王苻生，在位不足3年，死于兵变，终年22岁。苻生日夜狂饮，醉酒连月，淫乱如兽，滥施酷刑，杀人取乐。每醉必妄杀戮，仆从、大臣、兄弟、妻妾动辄被截胫、刳胎、拉胁、锯颈，死者不可胜数。北齐开国主高洋狂饮至神智昏乱，以致无法进食，猜忌残暴，虐杀兄弟，竟然肢

完颜合刺

完颜亮

解了自己所深幸的女人薛嫔妃，还用其髀骨做了一柄琵琶，常常拿在手里把玩。五代时，东丹王突欲之子兀欲（后为辽天授皇帝），"好饮酒"，"左右姬妾，多刺其臂吮之，其小过辄挑目、剺灼，不胜其毒"。辽穆宗耶律璟"畋猎好饮酒，不恤国事，每酣饮，自夜至旦，昼则常睡，国人谓之'睡王'。"金熙宗完颜合剌（汉名亶）溺酒昏乱，以乘醉杀人为戏，手足兄弟、亲近后妃多人都遭杀戮，以致群臣震恐，最终惨死于宫廷政变。完颜合剌的接替者完颜亮亦然嗜酒如故，且荒淫无度，暴虐嗜杀，于是重蹈了政变被杀的覆辙。

其实，国君人主中这类最末等的酒人大有人在，如隋炀帝杨广、五代闽景宗王延曦。王延曦的嗜酒，在历代帝王中非常罕见，纵情畅饮几乎成了他生活中最主要的内容。据史书记载，他每日必饮，饮必大醉，且总是通宵达旦，手不离盏。宫中每置酒宴，王延曦都授命酒监军法行事，与宴者无论王孙显贵、鼎鼐重臣，只要稍违严规，一律立杀无赦。"曦性既淫虐，而妻李氏悍而酗酒……曦常为牛饮，群臣侍酒，醉而不胜，有诉及私弃酒者辄杀之。诸子继柔弃酒，并杀其赞者一人。"（《新五代史·闽世家》）宰相李光准是王延曦的宠臣，亦是酒中大户。某晚，王延曦酒兴正浓，命侍臣立宣李光准即刻进宫陪饮。君臣纵情酗酒、了无分寸，竟至因酒纠纷生忿，王延曦勃然大怒，喝令侍卫将李光准推出斩首。次日，酒略醒，王延曦又宣李光准陪饮。幸亏前晚的监斩官料知有此一节，只是将李光准暂羁大牢留其性命。紧接着，翰林学士周维岳陪酒不慎，又惹怒了皇上，被打入死牢。侍卫将周维岳押至牢房对他说："这是昨天丞相住过的房间，请大学士暂且住上一夜吧。"当然，荒唐皇帝也必定有荒唐的结局，最后王延曦也在醉酒后死于非命。

现世中更多此辈酒人，他们无能亦无心为国，不择手段专营己利，唯在酒席场上逞英雄。他们或假权力，或借机缘，多吃国民白食，却又恬然不以为耻。在人类文明史上，堕落者总可以找到气味相同、似曾相识的同类，而卓越者则往往因其卓绝精神、特异行为独树一帜。今天，上等传统酒人是极难觅寻了，但是堕落者则如沉滓累积，大有其人。

中华酒文明与时代文明饮酒

酒要饮到不影响正常生活和思维规范的程度才为最好，要以不产生任何消极的身心影响与后果为度。「道之以礼」，

「道之以德」，「道则高矣美矣」！

酒德、酒道、酒礼

少年时，因为见多了劳工阶层饮酒的场面和嗜酒者的窘态，曾对酒产生厌恶感，因之生起"为什么要喝酒"和"为什么要有酒"的疑问。私以为酿酒既争人口粮、靡费谷物，过饮又往往伤身酿祸，何不禁之？及年渐长，知识增多，思考趋深，虽笔者对酒仍不嗜、不能，基本不饮，而对酒的理解则已"幡然悔悟"。酒是人类早期可以与陶器、弓箭等伟大发明并列的成果之一。不同于掌握火在工具与效率上的经济意义，酒更多的是对人类心理、智慧、情感的开拓、陶养作用，是滋养人类机体与精神远在其他任何食物之上的灵物。因此，可以说酒是人类文明史上最伟大的发明之一，酒既伴随了人类进化的过去，也必将偕同人类发展的未来，人类不能没有酒。如果昨天不曾有酒，那么人类的历史将彻底重新改写，我们无法设想人类会怎样走到今天；如果明天没有了酒，我们不知道人类将怎样料理生活，也难以设想将如何向前走。

酒德

任何一种文化都深怀着与生俱来的悖论，酒的饮用也是如此。酒过去对人类的影响怎样？为什么会是那样？以时代的智慧审视，人类的酒生活应当怎样？很早以来人们就在思考："有没有什么方法让人类尽享美食的愉悦而又避免因此可能产生的烦恼呢？"是的，这几乎可以作为一个人类文化的永恒疑问。事实上早在古罗马时代它就高悬在人类最令人神往的餐桌之上了。关于酒，中华祖先很早就开始了对它的各种理解：为酒设定神圣、崇高的道义价标，将饮酒纳入礼的规范，掌控娱乐人生、积极向上的方向与界限，即只趋其利而尽量避其害。因此，"酒德"应当是儒家君子比德观念下的"酒对于人类的好处"，至于饮酒误事、因酒致祸的种种，那是饮酒者自己的责任与过失。

西汉焦干《易林·坎之兑》："酒为欢伯，除忧来乐；福喜入门，与君相索，使我有

牺　尊

西周（公元前11世纪~公元前771年），通高29厘米，长39厘米，宽14.5厘米。

商周十供青铜礼器之一。盛酒器。形状似牛。牺（牛）体浑圆，双耳向后，短尾，足较粗壮。背上有一椭圆盖可开合。酒可自牛背注入，由牛口倾出。器体素面，清代配镶雕玉虎牌，紫檀木座，座底刻款"周牺尊"。牺尊是鸟兽形尊的一种，与一般形制的樽虽然都为盛酒器，但用途上可能有一定的区别。

得。"金元间学人元好问《留月轩》有句："丈室何所有？琴一书数册。花竹结四邻，繁阴散芳泽。闲门无车马，明月即佳客。三人成邂逅，又复得欢伯。欢伯属我歌，蟾兔为动色。商声隐金石，桂树风索索。乾坤月与我，光灭即生魄。元精贯当中，宁有天壤隔！"饮酒只求其利、尽其欢，此一标的与境界即为"酒德"。孟郊《酒德》云："酒是古明镜，辗开小人心。醉见异举止，醉闻异声音。酒功如此多，酒屈亦以深。罪人免罪酒，如此可为箴。"（《孟东野诗集》）黄庭坚诗《谢答闻善二兄九绝句》有句："尊中欢伯笑尔辈，我本和气如三春"，"陶令舍中有名酒，无日不为父老倾。四座欢欣观酒德，一灯明暗又诗成。"以上唐、宋两首诗中的"酒德"，指的是酒对饮者的功能，或曰酒人饮酒后现出无矫饰的真情本性，如同镜之明形，使人露出种种社会角色背后的本相，现出角色生活中各种扮相掩饰之下的真面目、真情感、真心肠、真身份。

被酒之后，君子尤君子，小人露原形；不仅如此，酒还能使人灵犀一点、幽径旁通，超出既成思维定式，产生奇思异想、意外创见。可见，酒德的根本精神，当是崇实求真、发明创见。

《红楼梦》第四十五回"金兰契互剖金兰语，风雨夕闷制风雨词"有一段情景描述言及"酒德"，值得一读：

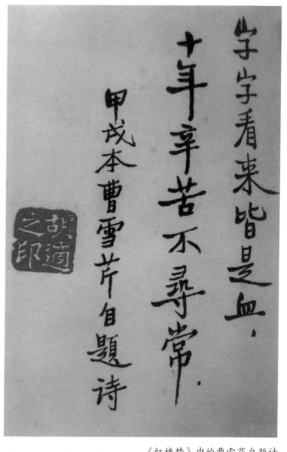

《红楼梦》中的曹雪芹自题诗

　　话说凤姐儿正抚恤平儿，忽见众姊妹进来，忙让坐了，……李纨笑道："……昨儿还打平儿呢，亏你（王熙凤）伸的出手来。那黄汤难道灌丧了狗肚子里去了？气的我只要给平儿打抱不平儿。忖度了半日，好容易'狗长尾巴尖儿'的好日子，又怕老太太心里不受用，因此没来，究竟气还不平，你今儿又招我来了。给平儿拾鞋也不要，你们两个只该换一个过子才是。"说的众人都笑了。凤姐儿忙笑道："竟不是为诗为画来找我这脸子，竟是为平儿来报仇的。竟不承望平儿有你这一位仗腰子的人。早知道，便有鬼拉着我的手打他，我也不打了。平姑娘，过来！我当着大奶奶姑娘们替你赔个不是，担待我'酒后无德'罢。"说着众人又都笑起来了。

原来《红楼梦》第四十四回"变生不测凤姐泼醋，喜出望外平儿理妆"有一段情节是凤姐在贾母的酒宴上被大家你一言我一语地强着接连喝了几盅，"自觉酒沉了，心里突突的往上撞"，于是离席迳回住处，结果恰好撞见了丈夫贾琏与下人"鲍二家的"偷情的故事：

　　凤姐听了，已气的浑身发软，忙立起身来一径来家……（凤姐）

走至窗前。往里听时，只听里头说笑。那妇人笑道："多早晚你那阎王老婆死了就好了。"贾琏道："他死了，再娶一个也是这样，又怎么样呢？"那妇人道："他死了，你倒是把平儿扶了正，只怕还好些。"贾琏道："如今连平儿他也不叫我沾一沾了。平儿也是一肚子委屈不敢说。我命里怎么就该犯了'夜叉星'！"凤姐听了，气的浑身乱战，又听他俩都赞平儿，便疑平儿素日背地里自然也有愤怨语了，那酒越发涌了上来。也并不忖度，回身把平儿先打了两下，一脚踢开门进去，也不容分说，抓着鲍二家的撕打一顿。又怕贾琏走出去，便堵着门站着骂道："好淫妇！你偷主子汉子，还要治死主子老婆！平儿过来！你们淫妇忘八一条藤儿，多嫌着我，外面儿你哄我！"说着，又把平儿打几下。打的平儿有冤无处诉，只气得干哭，骂道："你们做这些没脸的事，好好的又拉上我做什么！"说着，也把鲍二家的撕打起来。

贾琏也因吃多了酒，进来高兴，未曾作的机密，一见凤姐来了，已没了主意。又见平儿也闹起来，把酒也气上来了。凤姐儿打鲍二家的，他已又气又愧，只不好说的，今见平儿也打，便上来踢骂道："好娼妇！你也动手打人！"平儿气怯，忙住了手，哭道："你们背地里说话，为什么拉我呢？"凤姐见平儿怕贾琏，越发气了，又赶上来打着平儿，偏叫打鲍二家的。平儿急了，便跑出来找刀子要寻死。外面众婆子丫头忙拦住解劝。这里凤姐见平儿寻死去，便一头撞在贾琏怀里，叫道："你们一条藤儿害我，被我听见，倒都唬起我来！你也勒死我！"贾琏气的墙上拔出剑来，说道："不用寻死，我也急了，一齐杀了，我偿了命，大家干净。"

正闹的不开交，只见尤氏等一群人来了，说："这是怎么说，才好好的，就闹起来。"贾琏见了人，越发"倚酒三分醉"，逞起威风来，故意要杀凤姐儿。凤姐儿见人来了，便不似先前那般泼了，丢下众人，便哭着往贾母那边跑。

此时戏已散出，凤姐跑到贾母跟前，爬在贾母怀里，只说："老祖宗救我！琏二爷要杀我呢！"贾母、邢夫人、王夫人等忙问怎么了。凤姐儿哭道："我才家去换衣裳，不防琏二爷在家和人说话，我只当是有客来了，唬得我不敢进去，在窗户外头听了一听，原来是和鲍二家的媳妇商议，说我利害，要拿毒药给我吃了，治死我，把平儿扶了正。我原气了，又不敢和他吵，原打了平儿两下子，问他为什么要害我。他臊了，就要杀我。"贾母等听了，都信以为真，说："这还了得！快拿了那下流种子来！"一语未完，只见贾琏拿着剑赶来，后面许多人跟着。

贾琏明仗着贾母素习疼他们，连母亲婶母也无碍，故逞强闹了来。邢夫人王夫人见了，气的忙拦住骂道："这下流种子！你越发反了！老太太在这里呢。"贾琏乜斜着眼，道："都是老太太惯的他，他才这样，连我也骂起来了！"邢夫人气的夺下剑来，只管喝他："快出去！"那贾琏撒娇撒痴，涎言涎语的还只乱说。贾母气的说道："我知道你也不把我们放在眼里！叫人把他老子叫来！"贾琏听见这话，方趔趄着脚儿出去了。赌气也不往家去，便往外书房来。

这里邢夫人、王夫人也说凤姐，贾母笑道："什么要紧的事！小孩子们年轻，馋嘴猫儿似的，那里保得住不这么着。从小儿世人都打这么过的。都是我的不是，叫你多吃了两口酒，又吃起醋来了。"

这一部细言情事的《红楼梦》，自问世以来曾长时间被批评为意淫之甚的诲淫之书。前文先后引录的两回，均是酒、色、情的纠葛。王熙凤那段"酒后无德"的自嘲其实是托词。

然而，饮酒至乱、过饮失礼而被视为"酒后无德"，这只是封建中世以后贤达酒人对酒德的理解。在更早的古代，人们对"酒德"的理解则大不相同，如周公曾告诫后继人："无若殷王受之迷乱酗于酒，德哉！"这句话见于《尚书·无逸》。《无逸》据说出自周公，其原文如下：

周公曰："呜呼！君子所其无逸。先知稼穑之艰难，乃逸，则知

青铜方觚

小人之依。相小人，厥父母勤劳稼穑，厥子乃不知稼穑之艰难，乃逸乃谚。既诞，否则侮厥父母曰：'昔之人无闻知。'"

周公曰："呜呼！我闻曰：昔在殷王中宗，严恭寅畏，天命自度，治民祗惧，不敢荒宁。肆中宗之享国，七十有五年。其在高宗，时旧劳于外，爰暨小人。作其即位，乃或亮阴，三年不言。其惟不言，言乃雍。不敢荒宁，嘉靖殷邦，至于小大，无时或怨。肆高宗之享国，五十年有九年。其在祖甲，不义惟王，旧为小人。作其即位，爰知小人之依，能保惠于庶民，不敢侮鳏寡。肆祖甲之享国，三十有三年。自时厥后立王，生则逸。生则逸，不知稼穑之艰难，不闻小人之劳，惟耽乐之从。自时厥后，亦罔或克寿。或十年，或七八年，或五六年，或四三年。"

周公曰："呜呼！厥亦惟我周太王、王季，克自抑畏。文王卑服，即康功田功。徽柔懿恭，怀保小民，惠鲜鳏寡。自朝至于日中昃，不遑暇食，用咸和万民。文王不敢盘于游田，以庶邦惟正之供。文王受命惟中身，厥享国五十年。"

周公曰："呜呼！继自今嗣王，则其无淫于观、于逸、于游、于田，以万民惟正之供。无皇曰：'今日耽乐。'乃非民攸训，非天攸若，时人丕则有愆。无若殷王受之迷乱酗于酒，德哉！"

周公曰："呜呼！我闻曰：'古之人犹胥训告，胥保惠，胥教诲，民无或胥诪张为幻。'此厥不听，人乃训之，乃变乱先王之正刑，至于小大。民否则厥心违怨，否则厥口诅祝。"

周公曰："呜呼！自殷王中宗，及高宗，及祖甲，及我周文王，兹四人迪哲。厥或告之曰：'小人怨汝詈汝。'则皇自敬德。厥愆，曰：'朕之愆。'允若时，不啻不敢含怒。此厥不听，人乃或诪张为幻曰：'小人怨汝詈汝'，则信之。则若时，不永念厥辟，不宽绰厥心，乱罚无罪，杀无辜。怨有同，是丛于厥身。"

周公曰："呜呼！嗣王其监于兹。"

象纽莲盖银执壶

殷鉴在前，周公作为经国纬业的政治家，不能不怀着战战兢兢的心情总结殷商败亡的教训，希望能总结出新政权可以长治久安的治国大政。他是天命人治的政治家，认为政在得人的关键是大权在握、重责在身的国家元首自身要把持好"德"——就是不得纵人欲，也就是必须做到"无逸"。人欲有很多种，国君最可怕的就是酗酒昏乱，对酒的欲望一旦放纵，就会败坏一切。所以，周公将殷商倾覆的原因主要归结于殷纣王"心迷政乱，以酗酒为德"。对于"无若殷王受之迷乱酗于酒德哉"一段文字，既往注疏家皆将"酒"、"德"二字连读，解释其义为："不要像殷纣王那样把拼命喝酒当作最重要的事。"然而，笔者以为，若断句为"无若殷王受之迷乱酗于酒，德哉"似更明了，也更切文中的语境，可能更接近言论者的本意。如是，则当解释为："历代嗣王果然能以殷纣王嗜酒迷失为教训的话，那就是我们大周的幸运啊！"注疏家解释说："王当自勤政事，莫如殷王受之述乱国政，酗酓于酒德哉。殷纣藉酒为凶，以酒为德，由是丧亡殷国。王当以纣为戒，无得如之。"怎么理解"以酒为德"的"德"呢？注疏家们谓"'德'之为言，'得'也"。解释失于勉强，理解不免滞涩。但后人却将"酒德"二字连在一起使用了，并且是"凶"的

玉卮

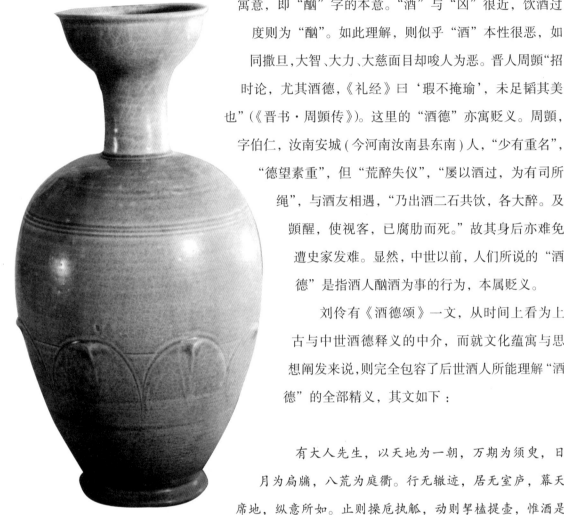

越窑划花宴乐人物执壶

五代，高16.8厘米，口径7.4厘米，北京市西郊辽壁画墓出土，北京文物工作队藏。

此壶是五代时期上层贵族宴宾客的精美酒注，壶腹瓜形，壶肩上高挑的流与弯弓似的手柄更表现出壶的高贵，盖作塔顶形，器底刻"永"字，器物通体刻划花装饰，壶腹有八仙对坐饮酒的祝寿纹，整件作品秀美精雅，实属酒器中的上品。

寓意，即"酗"字的本意。"酒"与"凶"很近，饮酒过度则为"酗"。如此理解，则似乎"酒"本性很恶，如同撒旦，大智、大力、大慈面目却唆人为恶。晋人周顗"招时论，尤其酒德，《礼经》曰'瑕不掩瑜'，未足韬其美也"（《晋书·周顗传》）。这里的"酒德"亦寓贬义。周顗，字伯仁，汝南安城（今河南汝南县东南）人，"少有重名"，"德望素重"，但"荒醉失仪"，"屡以酒过，为有司所绳"，与酒友相遇，"乃出酒二石共饮，各大醉。及顗醒，使视客，已腐肋而死。"故其身后亦难免遭史家发难。显然，中世以前，人们所说的"酒德"是指酒人酗酒为事的行为，本属贬义。

刘伶有《酒德颂》一文，从时间上看为上古与中世酒德释义的中介，而就文化蕴寓与思想阐发来说，则完全包容了后世酒人所能理解"酒德"的全部精义，其文如下：

有大人先生，以天地为一朝，万期为须臾，日月为扃牖，八荒为庭衢。行无辙迹，居无室庐，幕天席地，纵意所如。止则操卮执觚，动则挈榼提壶，惟酒是务，焉知其余？有贵介公子，搢（缙）绅处士，闻吾风声，议其所以；乃奋袂攘襟，怒目切齿，陈说礼法，是非蜂（一作锋）起。先生于是方捧罂承槽，衔杯漱醪，奋髯箕（一作踑）踞，枕曲藉糟，无思无虑，其乐陶陶。兀然而醉；恍（一作豁）尔而醒。静听不闻雷霆之声，熟视不睹泰山之形。不觉寒暑之切肌，利欲之感情。俯观万物，扰扰焉如江汉之载浮萍。二豪侍侧焉，如蜾蠃之于螟蛉。

刘伶享声名于世，自然不在一文《酒德颂》；但其留声名于史，则大半有赖此文。刘伶生于乱世末叶，颓伤已极，以酒醉神，以醉误身。他曾荒唐得醉后脱衣裸形于屋中。人见讥之，而刘伶却大言道："我以天地为栋宇，屋室为裤衣，你为什么跑到我的裤裆里来了？"今日读来，让人无限怜惜痛楚。但此行即时已为时议所不容，岂能为后世酒人之法？故酒德当是上等酒人所做的榜样：不至醉，不及乱，不误事，不泯性，不伤身，且能慎于思、敏于行、果于事。诚如孔夫子之教导："惟酒无量，不及乱。"

著名酒人白居易有《酒功赞》并序："晋建威将军刘伯伦嗜酒，有《酒德颂》传于世。唐太子宾客白乐天亦嗜酒，作《酒功赞》以继之，其词云：麦麹之英，米泉之精，作合为酒，孕和产灵。孕和者何？浊醪一樽，霜天雪夜，变寒为温。产灵者何？清醑一酌。离人迁客，转忧为乐。纳诸喉舌之内，淳淳泄泄，醍醐沆瀣，沃诸心胸之中，熙熙融融，膏泽和风，百虑齐息，时乃之德，万缘皆空，时乃之功。吾尝终日不食，终夜不寝，以思无益，不如且饮。"此文也是从积极意义上认知酒和赞美酒的，"酒德"的正面意义渐趋明确。

酒道

《礼记·中庸》云："天命之谓性，率性之谓道，修道之谓教。道也者，不可须臾离也。可离非道也……喜怒哀乐之未发，谓之中。发而皆中节，谓之和。中也者，天下之大本也；和也者，天下之达道也。"在中国古代先哲看来，万物之有无、生死、变化皆有其"道"，人的各种心理、情绪、意念、主张、行为亦皆有"道"。饮酒也自然有酒道。

这样看来，中国古代酒道的根本要求就是"中和"二字。"未发，谓之中"，即对酒无嗜欲，也就是庄子的"无累"，无所贪恋，无所嗜求，"无累则正平"，无酒不思酒，有酒不贪酒。"发而皆中节"，有酒，可饮，亦能饮，但饮而不过，饮而不贪，饮似未饮，绝不及乱，故谓之"和"。和，是平和协调，不偏不倚，无过无不及。这就是说，酒要饮到不影响正常生活和思维规范的程度才为最好，要以不产生任何消极的身心影响

铜联禁壶

青铜器,战国,壶高99厘米,径53.2厘米,座高13.2厘米,长117.5厘米,宽53.4厘米,1978年湖北省随县曾侯乙墓出土,湖北省博物馆藏。

两壶骈列在禁上。壶长颈,鼓腹,圈足。口沿饰镂空蟠螭纹,颈饰蕉叶纹,内填蟠螭纹,两侧由两条拱屈形的龙作双耳,耳上有小环。腹部饰细密的蟠螭纹,加以洛带,带交叉处有棘突。禁面曲尺形突起饰蟠螭纹,下乘以四兽形足。颈内壁铭"曾侯乙作持用终"。如此豪华的套装盛酒重器在以往考古中少有发现,其局部造型,亦显示出高超的塑造艺术。如四个兽足塑成禁器足,兽的口部和前肢衔托禁板,后肢蹬地,臀部上翘,形象灵活、稳健;壶颈部两侧由两条拱曲形的龙作双耳,龙头上又装饰对称的二小龙,尾上附有一小龙,生动活泼,设计精巧。它们与壶体组配极相称,成为总体中不可缺少的部件。

与后果为度。"道之以礼","道之以德","道则高矣美矣",对酒道的理解，不仅着眼于饮后的效果，而且贯穿于酒事的始终。"庶民以为欢，君子以为礼"（邹阳《酒赋》），合乎"礼"，就是酒道的基本原则。但"礼"并不是超越时空永恒不变的，随着历史的发展，时代的变迁，礼的规范也在不断的变化中。在"礼"的淡化与转化中，"道"却没有淡化，相反它却更趋实际和科学化。于是，传统"饮惟祀"的对天地鬼神的诚敬逐渐转化为对尊者、长者之敬，对客人之敬。儒家思想是悦敬朋友的，孔子就曾说过："有朋自远方来，不亦乐乎！"当然，孔子所说的朋友，是特指志同道合的有德操的君子。"君子慎始"，"君子慎交友"，"君子不亲恶"，"道不同不相为谋"，这样的朋友"自远方来"，以美酒表达悦敬是不为过的。贵族和大人政治时代，是十分讲究尊卑、长幼、亲疏礼分的，因此在宴享座位的确定和饮酒的顺序上都不能乱了先尊长后卑幼的名分。民主时代虽已否定等级制度，但中华民族尊上敬老的文化与心理传统却根深蒂固，饮酒时礼让长者尊者仍成习惯。不过，这一般也已经不是严格的尊长"饮讫"之后他人才依次饮讫的顺序了，而主要是体

掐丝团花纹金杯

金器，唐，高5.9厘米，口径3.5厘米，陕西省西安市南郊何家村出土，陕西省历史博物馆藏。

此杯为唐代饮酒用具，杯表面以掐丝技法作成大朵团花装饰，杯的口沿及杯底用如意云纹装饰。杯把手设计为圆形环带翘尾，优美而典雅。

现出对尊长的礼让、谦恭、尊敬。既是"敬",便不可"强酒",随各人之所愿,尽各人之所能,酒事活动充分体现一个"尽其欢"的"欢"字。这个"欢"是欢快、愉悦之意,而非欢声雷动、手舞足蹈的"轰饮"。无论是聚饮的示敬、贺庆、联谊,还是独酌的悦性,都遵从一个不"被酒"的原则,即饮不过量。不贪杯,更不耽于酒,仍是传统的"中和",归结为一个"宜"字。这样,源于古"礼"的传统酒道,似乎用以上"敬"、"欢"、"宜"三个字便可以概括无遗了。

酒礼

酒,在今天已只是一种为人所广泛喜爱的含乙醇饮料,饮酒早已成为日常生活习惯,没有什么特别严格的礼仪讲究了,然而在古代却大不一样。

《世说新语》中有两则内容大略相同的文字,讲到饮酒前先要行拜之礼,其一曰:"孔文举有二子,大者六岁,小者五岁。昼日父眠,小者床头盗酒饮之,大儿谓曰:'何以不拜?'答曰:'偷,那得行礼!'"其二云:"钟毓兄弟小时,值父昼寝,因共偷服药酒。其父时觉,且诧寐以观之。毓拜而后饮,会饮而不拜。既而问毓何以拜,毓曰:'酒以成礼,不敢不拜。'又问会何以不拜,会曰:'偷本非礼,所以不拜。'"可见,在魏晋南北朝之世,饮酒前仍要先"拜",仍信从"酒以成礼"的传统。文中的孔文举,即是以让梨故事闻名于史的孔融。融字文举,鲁国(今山东曲阜)人,"建安七子"之一,孔子二十世孙,"幼有异才",声望甚隆,且好发深奥奇险之论。因抗言"酒德"与曹操禁酒之令相悖,终被操"积嫌忌"致死罪弃市。钟毓,字稚叔,颍川长社(今河南长葛县)人。钟会字士季。孔、钟均系阀阅世家,重视礼仪门规,故循礼之文确为可信。

"酒以成礼"之文,更早者可见《左传》:"君子曰:酒以成礼,不继以淫,义也。以君成礼,弗纳于淫,仁也。""酒以成礼",是佐礼之成,源于古俗古义。史前时代,由于制酒技术不发达,酒的产量极少,故而先民平时不得饮酒，只有在举办祭祀的重大典礼之时，才可依一定规矩分饮。饮必先献于鬼神。饮酒与重大热烈、庄严神秘的祭祀庆典联系在一起，成为"礼"的一部分，是"礼"的重要演示程序，是"礼"得以成立的重要依据和完成的重要手段。周公不是曾严厉告诫臣属"饮惟祀，德将无醉"吗？只有祭祀时才可以喝酒，而且绝不许喝醉。酒，在先民看来，与祭祀活动本身一样，都具有极其神秘庄严的特性。周公说："惟天降命，肇我民，惟元祀。天降威，我民用大乱丧德，亦罔非酒惟行。越小大邦用丧，亦罔非酒惟辜。"意思是说，是万能的上天为了让我们愚昧的下民祭祀他，才仁慈地让

六博宴饮图

我们了解了如何酿酒；酿酒只是为了用来祭祀，表示下民对上天的感激与崇敬；若违背了这一宗旨，下民自行饮用起来，即成莫大罪过；个人如此则丧乱行德，邦国如此则败乱绝祀。这就是"酒为祭不主饮"的道理。这种情况，大约主要是三代前期，即春秋之前的事。后来，由于政治权力的分散，经济文化的发展变化，关于酒的观念和风气也发生了很大改变，约束和恐惧都极大地松弛淡化了。于是，像前面提到的"拜"，便是象征性的了。而"饮惟祀"的酒祀，在三代以后虽然仍保留在礼拜天、地、鬼（祖先）、神的祭典中，可非祀的饮酒却大量存在了。于是，饮酒礼逐渐演变成一套象征性的仪式和可行的礼节。饮前先"拜"，"拜"而后饮，就是这种象征性的仪式，表示饮者不忘先王圣训的德义，仍将循从那"无醉"的先诫。至于是否真的"无醉"，就另当别论了。而可行的礼节也是要遵循的，尤其是在特定的仪礼或严肃的宴饮场合更应如此。故有所谓"君子之饮酒也，受一爵而色洒如也，二爵而言言斯，礼已，三爵而油油以退"。严肃的仪礼场合，饮酒不得超过三爵。只有"大飨"一类尽欢尽兴的宴饮场合，才允许超过"三爵"之数，但仍不能乱"德"。以上可谓酒礼的根本原则，是为大礼。不同的宴饮场合，又有许多细微具体的礼仪规矩。

饮酒礼俗种种

降诞礼酒俗

降诞礼是人生仪礼的开端之礼,亦称"诞生礼"。传统的诞生礼有"三朝"、"满月"和"抓周"等。三朝,又叫"洗三",洗三的"洗",是用艾叶、花椒等中草药煎汤给婴儿洗澡。抓周,又称"试晬"、"试儿",是小孩儿年满一周岁的庆贺。"三朝"、"满月"、"抓周",通常都会置办宴席庆贺与款客,"办席必备酒"、"逢喜必有酒",酒是自然少不了的。贺喜的亲朋宾客会携酒前来,一些地区还有往娘家持酒报喜的习俗,酒壶上系红绳为生男,拴红绸则为生女。"满月"的庆贺是比较隆重的,无论贫富之家都会热烈庆贺,尤其是得到预示传宗接代与光耀家门的男孩儿,那就更不能轻忽。一般人家这天要"做满月",或称"过满月",置办"满月酒",也称"弥月酒"。

成年礼酒俗

成年礼是为承认年轻人具有进入社会的能力和资格而举行的人生仪礼。它意味着当事人可以脱离亲长的养育、监护,承担起所在集体和社会所赋予的权利和义务。成年礼是各民族都很注重的人类社会重要而古老的仪礼。中国的一些少数民族至今还保留着传统的成年礼礼俗,成为民族文化的标志性特征。汉民族历史上的成年礼是非常郑重和隆重的。"中国冠笄,越人劗发。"(《淮南子·齐俗训》)中原文化中男子成年实行冠礼、女子成年实行笄礼,劗发即断发。成年礼在先,然后才能行婚礼。但在历史上因早婚流行,成年礼与婚礼又往往同时举行(男子14岁、女子13岁即可论婚嫁,而成年礼的年龄约定基本是男20、女15),所以"冠婚"二字常常一起使用。成年礼在中国历史上主要是针对男子的礼俗,因而又称作"成丁礼"、"成年式"。成年礼的庆贺,不仅有亲朋会饮,当事人也要礼节性地品饮,那是象征成人能力与权力的仪式。当然,在贫富不均、尊卑分明、等级森严的社会里,大贵豪富阶级成员的成年

曾伯陭壶

青铜器，春秋，高41.3厘米，口径14.1厘米，重9.35千克，台北故宫博物院藏。

本件青铜器酒壶全部以波带状纹饰环绕，此乃将虺龙纹加以抽象化之后的变形，成为类似波浪的纹路，而且高低起伏差距很大，造成诡异的视觉效果。器颈两侧各有一个立体的衔环牺首浮雕，环可以动。盖顶亦作带状起伏的外卷曲状，盖外、口外及器口内侧著有铭文，曰："隹曾白陭迺用吉金鐈鋚，用自乍醴壶，用飨宾客，为德无瑕。用孝用享，用锡眉寿，子子孙孙，永受大福无疆。"

礼往往非常豪华气派。中国历史上皇帝或皇太子的成年礼可谓典型。如元凤四年（前77年），西汉昭帝刘弗陵加冠，"赐诸侯王、丞相、大将军、列侯、宗室，下至吏民，金帛、牛酒各有差。赐中二千石以下及天下民爵。毋收四年、五年口赋。三年以前逋更赋未入者，皆勿收。令天下酺五日。"（《汉书·昭帝本纪》）普通百姓都可以连续喝酒五日。然而，历代的成年礼，主要因为早婚等原因并未能如朝廷典献陈述的那样严格执行，明代时就已经是"自品官而降，鲜有能行之者，载之礼官，备故事而已"（《明史·礼志八》）。近代以下，作为"嘉礼之重者"的冠礼更加式微了。在大众传统文化重新得到普及的时下中国，建构大众认可且与时俱进的成人礼是必要且可行的。"成人之者，将责成人礼焉也。责成人礼焉者，将责为人子、为人弟、为人臣、为人少者之礼行焉。将责四者之行于人，其礼可不重欤？"《礼记·冠义》的这段典文，可以在现代改造施行。自尊、自律、自立、自强意识的激励，担当精神、社会责任感的培养，文明行为、优雅举止的育化，这一切均可以通过庄重的成年礼仪式强化记忆、规范约束。这也表明了全社会的重视与关爱，表达了成年人对新步入者的欢迎。

婚礼酒俗

婚礼，是人生仪礼中的又一大礼，历来都受到个人、家庭和社会的高度重视。婚礼的神圣性和永恒性，是中国古代很早便已形成的婚义观念。"昏（婚，下同）礼者，将合二姓之好，上以事宗庙，而下以济后世也，故君子重之。是以昏礼，纳采、问名、纳吉、纳征、请期，皆主人筵几于庙，而拜迎于门外。入，揖让而升，听命于庙，所以敬慎重正昏礼也。父亲醮子，而命之迎，男先于女也。子承命以迎，主人筵几于庙，而拜迎于门外，婿执雁入，揖让升堂，再拜奠雁，盖亲受之于父母也。降，出御妇车，而婿授绥，御轮三周。先俟于门外，妇至，婿揖妇以入，共牢而食，合卺而酳，所以合体同尊卑以亲之也。敬慎重正，而后亲之，礼之大体，而所以成男女之别，而立夫妇之义也。男女有别，而后夫妇有义；夫妇有义，而后父子有亲；父子有亲，而后君臣有正。故曰，昏礼者,礼之本也。"(《仪礼逸经》)传统婚礼的酒筵活动要持续三天。因此,参加婚礼又习称为"喝喜酒"、"吃喜酒"。结婚当天上午,新郎在亲友的陪同下到新娘家"取亲"。女家设筵席款待女婿、媒人及来宾,女家亲友及邻里也参加筵宴。然后择时"发亲"。到男家后,新娘与新郎并立,合拜天地、父母,夫妻互拜,然后入房合卺。所谓"合卺",是指新婚夫妇在新房内共饮合欢酒的意思,后来演变成了"交杯酒"。典文中的"共牢而食,合卺而酳,所以合体同尊卑以亲之也"一句话很重要。"共牢而食"就是在一个器皿中取食,寓意二人从此要"同吃一锅饭"了。"合卺而酳"则更有意义。古人曾对合卺下定义说:"合卺,破匏为之,以线连柄端,其制一同匏爵。"(《三礼图》)由此可见,合卺并非交杯,而是指破匏为二,合之则成一器,故名合卺。匏瓜剖分为二,象征夫妇原为二体,而又以线连柄,则象征由婚礼把两人连成一体,因此分之则为二,合之则为一。新人用破匏作饮器一同进酒的原因,清人解释说:"匏苦不可食,用之以饮,喻夫妇当同辛苦也;匏,八音之一,笙竽用之,喻音韵调和,即如琴瑟之好合也。"(张梦元《原起汇抄》)匏既然"苦不可食",拿来盛酒,"酳"虽然是美酒,也因此变成寓"苦"的酒了,寓意新婚夫归应当同甘共苦。"合体同尊卑",兼有同体同尊之意,表示既为夫妻,就该如琴瑟之好合,意

古人宴饮壁画图

为新人自此已结永好。合卺改名后的"交杯酒",到宋代已成通行的名词,新婚夫妇在新房相对互饮,所用的是普通的酒杯,不是破匏为二的匏爵。改名"交杯酒",只是借其好合之意而已,与古礼本义已有相当差距。

寿庆酒俗

长寿是人类普遍的追求,《尚书》云:"五福,一曰寿,二曰富,三曰康宁,四曰攸好德,五曰考终命。"长寿被视为美满人生的第一项指标。做寿,也称"祝寿",通常指为老年人举办的庆寿活动。做寿一般从50岁开始,也有从40岁开始的,每10年举办一次。民间为年满60岁及以上的长辈举行的生日庆贺礼仪称为"做大寿",而为年龄在50岁以下的人举行的生日庆贺礼仪,一般称为"做生日"。10岁、20岁多由父母主持做生日,30岁、40岁一般既不做生日,也不做寿。50岁开始的做寿活动,一般人家均邀亲友来贺,礼品有寿桃、寿联、寿幛、寿面等,并要饮寿酒,大办筵席庆贺。因"酒"与"久"谐音,故祝寿必用酒。

接风祖饯酒俗

成书于明代的儿童启蒙读物《幼学琼林》中说"请人远归曰洗尘,携酒送行曰祖饯"。洗尘,也叫接风,或连称"接风洗尘",指设酒宴招待来客以示慰问和欢迎的习俗,习称"接风酒"、"洗尘酒"。明代凌濛初《二刻拍案惊奇》第二十六回"懵教官爱女不受报,穷庠生助师得令终"中语及:"虽也送他两把俸金、几件人事,恰好侄儿也替他接风洗尘……"把宴请远道而来的客人称为"洗尘",意思是来客路途遥远,一路鞍马劳顿,风尘仆仆,所以有此说法。清《通俗编·仪节》云:"凡公私值远人初至,或设饮,或馈物,谓之洗尘。"祖饯,又称"祖道",古代出行时祭祀路神称"祖",用酒食送行称"饯",即今人所谓饯行。西汉征和三年(公元前90年)贰师将军李广利,"将兵出击匈奴,丞相为祖道,送至渭桥"。颜师古注:"祖道,送行之祭,因设宴饮焉。"(《汉书·公孙贺传》)东汉末高彪"有雅才","时京兆第五永为督军御史,使督幽州,百官大

北周安伽墓饮酒石刻图

会，祖饯于长乐观。议郎蔡邕等皆赋诗，彪乃独作箴"（《后汉书·高彪传》）。李白《留别金陵崔侍御十九韵》诗云："群公咸祖饯，四座罗朝英。"今日之迎送筵席虽是中华历史上接风祖饯之俗的流续，但文化意蕴已时过境迁，大不相同。俗语说："出门一日为晴雨计，出门一月为寒暑计，出门一年为生死计。"古时交通不便，远行不仅糜资费时，而且困顿劳苦、艰难险阻，除官员仪仗、政府驿传外，商旅、游学等蹭蹬远行，人多视为畏途。在古代中国，就酒俗而言，祖道饯行礼俗远比接风洗尘更为隆重。与古人更重视"送往"不同，在交通便捷的今天，人们更看重的是"迎来"，在客人下车伊始，即以亲切热情的态度、美酒珍肴的盛宴隆重接待。官场、商阵交往尤其如此。值得注意的是，古时的接风洗尘与祖道饯行除官场迎送之外，大多是亲朋醇情，故其世风淳厚、化育人心，人人乐

北周安伽墓饮酒石刻图

道。历史上的官场迎送并不多见，因为国家既没有官吏酬酢所产生的公款吃喝这项预算，同时朋党警惕亦让许多人心有余悸。有亲朋远行必有祖道饯行仪式，为的是祈求路神保佑远行者一路平安。祖道是用酒肉等食品祭祀路神，饯行则是将祭祀路神的食品送与行人享受——它们已经是得到了路神福佑的"胙"，与祭祀之前的意义不同了。祭祀路神必有酒，而且还要"奠"——向大地洒祭（祭天则望空），不只是将酒斟在杯子里不动。因此，祖饯可以没有丰富的肴品，但酒是万万不能少的。"以酒饯行"的寓意是饯行必有酒，亦可以是饯行仅有一杯酒。盛唐时，京师长安万民辐辏，天下士子文人、八方商旅、百邦来客、朝廷命官进出极其频繁。春季是羁旅返程的例行时光，灞桥因行人多在此送行而成长安独特风景，"灞桥折柳"也传为历史佳话。灞桥有驿站，凡送别亲人与好友东去，多在这里分手，折柳相赠，所谓"都人送客到此，折柳赠别"，因此灞桥又有"销魂桥"之称。如唐罗隐《送溪州使君》："兵寇伤残国力衰，就中南土藉良医。风衔泥诏辞丹阙，雕倚霜风上画旗。官职不须轻远地，生灵只是计临时。灞桥酒盏黔巫月，从此江心两所思。"温庭筠赴任所，"文士诗人争赋诗祖饯，惟纪唐夫擅场"（《唐才子传·温庭筠》）。饯别之际，亦是古人大抒感慨的诗文场合。因此，中华文学史上不乏抒写离情之作。《诗经》中的"燕燕于飞，差池其羽。之子于归，远送于野。瞻望弗及，泣涕如雨"（《诗经·邶风·燕燕》）、"我送舅氏，悠悠我思"（《诗经·秦风·渭阳》），文中虽未及酒，但如上所述，酒是应有之义，绝不可缺。

明汪廷讷《狮吼记·祖席》："多君祖饯大殷勤，迁客还朝意气新。"《水浒传》中林冲被高俅陷害，起解之时，其岳父张教头在路边酒馆为其饯行，书中写道："张教头叫酒保安排按酒果子管待两个公人，酒至数杯，只见张教头将出银两赍发他两个防送公人已了。"张教头大概已经预知林冲发配远恶军州，此去定是凶多吉少。清蒲松龄《聊斋志异·仙人岛》："王涕下交颐，哀与同归，女筹思再三，始许之，桓翁张筵祖饯。"留仙先生认为祖饯之习应是人类共同的文化，所以"仙人岛"上也是华夷通俗了。文人祖饯难免伤怀，因为古代的生离就可能意味着死别，至交友好往往长亭连短亭依依不舍，历史上将这种"离情"描摹得最淋漓尽致的莫若江淹的《别赋》："黯然销魂者，唯别而已矣！"江淹认为人生各种经历中，唯有别离最令人感伤。此亦《楚辞》之句"悲莫悲兮生别离"（《九歌·少司命》）的悲情之同调。今天，许多少数民族生活区还不同程度地保留着中华的酒俗文化。如蒙古族宴客的酒俗会让人五内升温、感激不已，那份真诚与热情是都市酒桌上很少能感受到的。客人落座的"下马酒"和谢别辞行的"上马酒"是不能推诿的。达斡尔族婚嫁礼俗中的"接风酒"和"出门酒"也一样：送亲的人一入男家门，新郎父母要斟满两盅酒，向送亲人敬"接风酒"，或曰"进门盅"，来宾要全部饮尽，以示已是一家人；次日送亲人辞行时，新郎父母又会在门旁内侧恭候，向贵宾一一敬"出门酒"。据说太平天国翼王石达开大军1862年经过贵州黔西大定一带时受到当地苗族首领的热情款待，曾有《驻军大定与苗胞欢聚即席赋诗》一首："千颗明珠一瓮收，君王到此也低头。五岳抱住擎天柱，吸尽黄河水倒流。"西南地区的彝族、苗族等许多少数民族都有这种"杆杆酒"的习俗，那也是待客的接风洗尘酒了。古时，旅人车马劳顿，一路自是风尘仆仆，"洗尘"言之有物。而今不言"洗尘"只讲"接风"，应是名实相当的与时俱进：来人飞机贵舱、座驾豪车、名牌服饰，已是纤尘不染，只有八面威风。

丧礼酒俗

丧葬仪礼，是人生最后一项"通过仪礼"，也是最后一项"脱离仪式"。丧礼，民间俗称"送终"、"办丧事"等，古代视其为"凶礼"之一。享受天年、寿终正寝的人去世，民间称"白喜事"。居丧之家，家人的饮食多有一些礼制上的约束，还有一些斋戒要求。而吊丧的宾客往往较少受限制，丧席中不仅有肉，还会有酒。但葬仪上要祭奠酒，客人不能闹酒，不能谈笑风生，否则与丧事悲哀的气氛不合，会被视为对主家不尊重。孔子是严格恪守礼仪的，他主张客人应"食于有丧者之侧未尝饱"，然而，这种风气到清中叶以后就凋零了："古者父母之丧，既殡食粥，齐衰，疏食水饮,不食菜果。既虞卒哭,疏食水饮,不食菜果。期而小祥,食菜果。又期而大祥,食醯酱。中月而禫,禫而饮醴酒。始饮酒者,先饮醴酒;始食肉者,先食干肉。古人居丧,无敢公然食肉饮酒者;今之士大夫居丧,食肉饮酒无异平日,又相从宴集,靦然无愧,人亦恬不为怪。礼俗之坏,习以为常,悲夫!"(清《安路县志补》)这段话的意思是:古人居父母之丧,已经殡葬的只食粥(在居丧的头三天,严格的连粥都不吃),在齐衰期(居丧的头一年),只吃糙米饭和清水,不食菜果;既葬而祭亡者应哀哭,只食疏饮水,不食菜果;服丧一年后可以食菜果,服丧两年后可以食鱼、肉做的酱;除服后可以饮甜酒;刚开始饮酒,要先饮浓度不高的甜酒;刚开始食肉,要先食干肉;古人居丧,没有敢公然食肉饮酒的;今天(指清同治年间)的士大大居丧,食肉饮酒同平常一样,而且相从宴集,竟然毫不惭愧,别人也不觉得奇怪;礼俗之坏,习以为常,真是可悲呀!清代士大夫居丧而不守丧礼的情况耐人深思。

饮者宜自律

大概自发现溺酗之害后,我们的祖先就没有停止过告诫:饮酒循礼,万不可过饮。葛洪说得很是决绝:"夫酒醴之近味,生病之毒物,无毫分之细益,有丘山之巨损,君子以之败德,小人以之速罪,耽之惑之,鲜不及祸。世之士人,亦知其然,既莫能绝,又不肯节,纵心口之近欲,轻召灾之根源,似热渴之恣冷,虽适己而身危也。小大乱丧,亦罔非酒。"(《抱朴子·酒诫》)历代本草书对酒的害处均有论述,蒙元帝国宫廷饮膳太医忽思慧的《饮膳正要》辟有《饮酒避忌》专章,那是明确针对蒙元宫廷过于溺酗于酒的。他说:"少饮尤佳,多饮伤神损寿。易人本性,其毒甚也。醉饮过度,丧生之源。饮酒不欲使多,知其过多,速吐之为佳。不尔,成痰疾。醉勿酩酊大醉,即终身百为病不除。酒不可久饮,恐腐烂肠胃,溃髓,蒸筋。醉不可当风卧,生风疾;醉不可向阳卧,令人发狂;醉不可令人扇,生偏枯;醉不可露卧,生冷痹;……醉不可接房事，小者面生黑干、咳嗽，大者伤脏、澼、痔疾；……醉不可饮冷浆水，失声成尸噎；……醉不可澡浴，多生眼目之疾。"明代学者谢肇淛的《五杂俎》对酒作了大量论述。他说："酒者扶衰养疾之具，破愁佐药之物，非可以常用也。酒入则舌出，舌出则身弃，可不戒哉？人不饮酒，便有数分地位。志识不昏，一也；不废时失事，二也；不失言败度，三也。余常见醇谨之士，酒后变为狂妄，勤渠力作，因醉失其职业者，众矣，况于丑态备极，为妻孥所姗笑，亲识所畏恶者哉？"（《五杂俎·物部三》）谢肇淛，福建长乐人，字在杭，号武林、小草斋主人，晚号山水劳人，明万历二十年（1592年）进士，历任湖州、东昌推官、南京刑部主事、兵部郎中、工部屯田司员外郎等职。谢肇淛是晚明的著名学者，他的"志识不昏"、"不废时失事"、"不失言败度"的饮酒三原则虽是历史上的识者常谈，却是直砭"醇谨之士"酒后"狂妄"、"失其职业"、"丑态备极"种种时弊的有的之矢。现实生活中每有"丑态备极"的溺酒者解嘲自诩为"酒仙"、"酒神"，似乎他们的被酒病态反是一种畸形之美。"酒仙"、"酒神"的历史已经过去，而今天的这些溺酒者，不过是现时代的新酒鬼而已。清人黄周星《酒社刍言》谓："古云：酒以礼，又云酒以合欢，既以礼为名，则必无伧野之礼。以欢为主，则必无愁苦之欢矣。若角斗纷争攘臂灌呶，可谓礼乎！虐令苛娆兢兢救过，可谓欢乎！斯二者，不

北周安伽墓饮酒赏舞图

待智者而辨之矣。而愚更请进一言于君子之前曰：饮酒者乃学问之事，非饮食之事也……"意思是说不要为饮酒而饮，最好是饮酒时以礼的形式和欢乐的氛围来研究学问。为此，黄周星特别反对并极力主张戒除酒场苛令，因为"世俗之行苛令，无非为劝饮计耳"。正因为苛令是强人灌酒的坏礼、恶事，才理应戒掉。他认为"饮酒之人有三种"，其一是"善多者"，这类人不待劝；其二是"绝饮者"，不能劝；第三种人是"能饮而故不饮者"，也勿须劝，因为"能饮而故不饮，先已自欺矣，吾亦何为劝之哉！"

　　无论饮酒给历史上的人们造成了多少损害，也无论酒在今天还在怎样害着我们，有一点是可以明确的：人们离不开酒，犹如离不开音乐、舞蹈、阅读一样，因为酒是人类精神、感情的滋养者。所以，人类对酒只能节制而不能、也无法禁止或废除。禁止醉驾就是法令严格节制的成功案例。研究指出："酒后驾车发生事故的几率高达 27%。随着摄入酒精量的增加，选择反应错误率显著增加，当血液中酒精含量由 0.5% 增至 1%，发生车祸的可能性便增加 5 倍。"当今世界，每年因醉驾致死的人数不下数十万。据报道，自 2011 年 5 月 1 日"酒驾入罪"生效起至 2012 年 4 月 20 日，全国公安机关共查处酒后驾驶 35.4 万起，同比下降 41.7%。其中，醉酒驾驶 5.4 万起，同比下降 44.1%。可见严格执法还是有效果的。当然，文明的饮酒风气，从根本上还要依赖一个民族整体素质的提高，好的饮酒习尚只能依靠民族大众的自觉与自律，仅仅依赖法律与制度是不够的。一个民族的修养与素质，可以从他们对酒的态度与饮酒的风度上得到印证。自觉、理性、优雅的饮酒，是一种把握格调与分寸的潇洒从容，是一种不动声色的内控"节制"，不仅表现在驾驶座上，同时也体现在餐桌椅上，体现在任何愉快自由的空间之中。